Prospekt der Steinmeyerschen Orgel in der Kirche der orthopädischen Anstalt von Hofrat Hessing in Göggingen-Augsburg.

Die Orgel unserer Zeit

in Wort und Bild

Ein Hand- und Lehrbuch der Orgelbaukunde

Bearbeitet und herausgegeben

von

Studienprofessor Dr. Heinrich Schmidt

in Bayreuth

amtlich ernanntem Sachverständigen für Orgel- und Glockenbau

Mit 3 Tafeln, 95 Figuren und dem einschlägigen
akustischen Teil in Wort und Bild

Zweite, auf den neuesten Standpunkt der Orgelbaukunst gebrachte
und um die elektrische Orgel der Jetztzeit vermehrte Auflage

Mit einem Anhang:

Das Wichtigste von der Glockenbaukunst

Hauptsächlich vom Standpunkte des
Musiksachverständigen aus erörtert
Mit 3 Figuren

München und Berlin 1922
Druck und Verlag von R. Oldenbourg

Einige Urteile über die 1. Auflage

(abgekürzt):

Hoforganist Gottschalg, Weimar . . . . . *Ihre Schrift halte ich für das Allerbeste, was auf diesem Gebiet erschienen ist* . . . . . .

Universitätsprofessor Dr. J. G. Herzog, München . . . . . *Ich habe diese inhaltsreiche Schrift vielfach mit eigener Belehrung gelesen und kann dieselbe aufs beste empfehlen* . . . . . .

Dr. Franz Xaver Haberl, Regensburg *(Musica sacra No. 8):* . . . . . *Kirchenvorstände, Organisten, Musikseminarien und private Freunde der ,,Königin der Instrumente'' können und sollten dieses Buch zu Rate ziehen und aus dessen knappen Belehrungen Nutzen schöpfen und sich vor Schaden bewahren. Alle bisherigen Kompendien scheinen durch dieses Buch überflügelt zu sein* . . . . . .

Hofkapellmeister Professor Becht, München: . . . . . *daß ein derartiges Werk noch von niemand so ausgezeichnet und klar behandelt wurde* . . . . . .

Dr. Dr. Max Reger, Generalmusikdirektor in Weimar: . . . . . *Ihr Buch ist unstreitig das Beste, was auf diesem Gebiet existiert. Ich kenne kein Werk auf diesem Gebiete, das Ihrem vortrefflichen Buche zur Seite gestellt werden könnte* . . . . . .

1*

Vorwort zur 1. Auflage.

Infolge des großartigen Aufschwungs der Orgelbaukunst in den letzten Dezennien hat die Orgel als Kirchen- und Konzertinstrument heuzutage einen hohen Grad von Vollkommenheit erreicht. Ein möglichst getreues Bild von der modernen, pneumatisch spiel- und registrierbaren Orgel in gedrängter Darstellung zu geben, unterstützt durch einfache, leichtverständliche Zeichnungen, ist der nächste Zweck des vorliegenden Buches. Dabei wurden aber die Einrichtungen der älteren mechanischen Orgel keineswegs übergangen, weil sich noch viele dieser Werke im Gebrauche befinden.

Die wichtigsten Errungenschaften der heutigen Orgelbaukunst, z. B. die Konstruktion und Verwendung der Hochdruckpfeifen, der Ersatz gewisser Zungenstimmen durch Labialpfeifen, die Bereicherung des Orgelklangs durch neugewonnene Charakterstimmen, der Gebrauch besonders wertvoller Koppeln, Kombinationen, Registermischungen usw. wurden sodann ausführlicher besprochen, wie denn auch das hochinteressante Gebiet der Akustik, insoweit es sich mit dem Tönen der Orgelpfeifen befaßt, eine eingehende Besprechung und Darstellung in Wort und Bild erfuhr. — Ferner wurden bei der Besprechung der gebräuchlichen Orgelregister Klangfarbe und Toncharakter der einzelnen Orgelstimmen sowie ihre zweckmäßige Verbindung mit anderen Registern betont und viele der Praxis entstammende Winke über kunstgerechte und wirksame Registrierung gegeben.

So wendet sich denn das Buch in erster Linie an diejenigen, welche infolge ihres Berufes die Orgel gründlich kennen müssen: an die Organisten, Kantoren und Lehrer, sodann an die Orgelbeflissenen der Geistlichen- und Lehrerseminare, der Kirchen- und weltlichen Musikschulen. Können sich doch die angehenden Organisten nicht früh und gründlich genug mit dem kunstvollen Bau ihres Instrumentes bekannt machen! Sowohl die Lehrordnungen für die bayerischen Lehrerbildungsanstalten als auch die Normative der meisten deutschen Bundesstaaten verlangen von den Seminarabsolventen mit Recht genügende Kenntnisse von dem Bau der Orgel, hauptsächlich deshalb, weil ein Organist, der sein Instrument gründlich kennt, kleine Fehler leicht abstellen, größere verhüten oder deren Beseitigung durch einen Fachmann rechtzeitig veranlassen, überhaupt für Instandhaltung seiner Orgel gewissenhaft sorgen kann. In dieser Hinsicht gibt unser Buch in Wort und Bild wichtige Anleitungen, welche es dem Organisten ermöglichen, etwaige Störungen im Mechanismus der älteren oder der modernen Orgel in vielen Fällen selbst beseitigen zu können.

Nach Anlage und Inhalt dürfte sich dieses Buch als ein brauchbares Lehrmittel beim Unterricht in der Orgelbaukunde erweisen.

Die eingehender behandelten Kapitel über Aufstellung, Größe und zweckmäßige Einrichtung der Orgel, über Kostenanschläge, ferner die durchwegs der Praxis entstammenden Beispiele von Orgeldispositionen zu kleineren und größeren Werken, die Erörterung der Frage, ob Neubau oder Reparatur, und andere Ausführungen werden von orgelbauenden Kirchengemeinden, von Kirchenverwaltungen und deren Vorständen sicher nicht ohne Nutzen zu Rate gezogen werden. — Den Sachverständigen aber möchte vorliegende Schrift ein willkommenes Nachschlagebuch sein.

Schließlich sei der Orgelbaufirma Steinmeyer & Co. in Öttingen für das herrliche Titelbild und die prächtigen, instruktiven Zeichnungen zu den Kapiteln »pneumatische Orgel, Wind- und Pfeifenwerk« der gebührende Dank ausgesprochen.

Möchten die Ausführungen dieses Buches, die sich hauptsächlich auf praktische, durch längeren Aufenthalt in bedeutenden Orgelbauwerkstätten gewonnene Erfahrungen des Verfassers stützen, eine beifällige Aufnahme in den weitesten Kreisen finden!

Bayreuth, im Januar 1904.

Der Verfasser.

Vorwort zur 2. Auflage.

Wie bereits auf dem Titel bemerkt, wurde das Lehrbuch in der 2. Auflage auf den neuesten Standpunkt der Orgelbaukunst gebracht und um die elektrische Orgel der Jetztzeit vermehrt. Das Kapitel „Meister der modernen Zeit" wurde im geschichtlichen Teil gestrichen, weil es manche Mißhelligkeiten zur Folge hatte, desgleichen mußte das „Verzeichnis klassischer und moderner Kompositionen für Orgel" fallen, weil es gegenwärtig unmöglich ist, ein solches Verzeichnis aufzustellen und evident zu halten. An Stelle desselben trat der Anhang: „Das Wichtigste von der Glockenbaukunst", hauptsächlich vom Standpunkte des Musiksachverständigen aus erörtert, weil die meisten Orgelrevisoren auch Glockenbausachverständige sind und sich viele Vorstände von Kirchengemeinden, viele Organisten und Musikfreunde heutzutage, wo die meisten Kirchengemeinden bestrebt sind, die während des Krieges abgelieferten Glocken durch neue zu ersetzen, für Glockenbau lebhaft interessieren.

Der hochgeschätzten Orgelbaufirma G. F. Steinmeyer & Co. (Steinmeyer & Strebel), bayer. Hof-Orgel- und Harmoniumfabrik in Oettingen und Nürnberg, spreche ich für die gütige Überlassung ihres bewährten elektrischen Systems meinen herzlichsten Dank aus, besonders aber Herrn Ludwig Steinmeyer für seine fachmännischen Ratschläge und Winke. — Der Glockengießerei von Joh. Georg Pfeifer (früher Gg. Hamm) in Kaiserslautern, die mich bei Verabfassung des Anhangs mit fachmännischem Rate unterstützte, sei ebenfalls herzlich gedankt.

Möge sich mein Lehrbuch auch in seiner neuen Gestaltung recht viele Freunde erwerben!

Bayreuth, im März 1922.

Dr. Hch. Schmidt.

Inhalt.

Geschichtliches.

Eine vollständige Geschichte der Orgelbaukunst zu geben ist unmöglich, da zuverlässige Angaben über Entstehung und allmähliche Vervollkommnung der Orgel weder in genügender Zahl noch in wünschenswerter Vollständigkeit vorhanden sind und manche Notizen über ähnliche Instrumente des Altertums und der ersten christlichen Zeit mit Vorsicht aufgenommen werden müssen. Wahrscheinlich ging die Orgel hervor aus einer Verbindung der im alten Griechenland gebräuchlichen, aus sieben aneinander gereihten Pfeifen verschiedener Größe bestehenden Hirten- oder Panspfeife (Syrinx) mit der Sackpfeife, dem Dudelsack. Die Grundlagen zur späteren Orgel, Pfeifenwerk und Gebläse, waren dadurch gegeben und dem Geiste des Menschen die Aufgabe gestellt, dieses primitive Instrument weiter auszubilden. — Bereits im 2. Jahrhundert v. Chr. gab es Orgeln, welche entweder durch Bälge oder durch Wasserdruck komprimierte Luft enthielten und mittels einer Art Klaviatur gespielt wurden. Größere Bedeutung erlangte jedoch zunächst die Wasserorgel der alten Griechen, das Organum hydraulicum. Ktesibios, ein Mathematiker in Alexandria, soll um 170 v. Chr. die Wasserorgel erfunden haben, wie dies aus der Beschreibung verschiedener Arten von Orgeln hervorgeht, welche Hero von Alexandrien in seinen »Pneumatica« von den musikalischen Kunstwerken seines Lehrers Ktesibios gibt. Der unzureichende, unregelmäßige Wind dieser Instrumente sollte dadurch dichter und regelmäßiger gemacht werden, daß vermittelst einer Art von Luftpumpe in eine mit Ausschnitten versehene Halbkugel, die sich in einem mit Wasser nicht vollständig gefüllten Kasten befand, durch Sklaven so lange Luft gepreßt wurde, bis der Druck des steigenden Wassers größer war als der Druck der in der Halbkugel befindlichen Luft, worauf das Wasser diese verdichtete Luft in die Pfeifen trieb. Der Zugang zu der einzelnen Pfeife wurde durch einen Schieber geschlossen oder geöffnet; diese Schieber oder Ventile wurden durch Hebel (Tasten) regiert. — Nero († 68 n. Chr.) ließ eine Denkmünze prägen, auf der eine Wasserorgel abgebildet war.

Ein Lobgedicht des Kaisers Julian Apostata († 363 n. Chr.), welches von einem »starken Hauch« spricht, der aus »häut'nen Höhlen« kommt, sowie die Beschreibung einer Wasserorgel durch Aurelius

Cassiodor, den Geheimsekretär Odoakers (6. Jahrh.), noch mehr aber die Erklärung Cassiodors zum 150. Psalm lassen vermuten, daß in den ersten Jahrhunderten der christlichen Zeitrechnung Wind- und Wasserorgeln gebaut wurden. Merkwürdig ist, daß Cassiodor in der genannten Erklärung von den Fingern und nicht von den Fäusten des Spielers spricht, woraus hervorgeht, daß die Berichte über die ältesten Orgeln der christlichen Kirche, soweit erstere die Schwerfälligkeit der Tasten und das Niederschlagen derselben mit den Fäusten (?) betonen, wenn nicht falsch, so doch übertrieben sind. — Bereits im 4. Jahrhundert waren die Pumpenzylinder der Wasserorgeln durch lederne Blasbälge, einer Art Schmiedebälge, zum größten Teile verdrängt und ein im Museum zu Arles befindliches steinernes Denkmal aus dieser Zeit zeigt uns bereits zwei fast vollständig aus Erz gegossene pneumatische Orgeln in ihrem ersten Anfang.

Die Einführung der Orgel in die abendländische Kirche fällt in das 8. Jahrhundert. Der griechische Kaiser Konstantin V. soll dem Majordomus Pipin 757 eine kleine Orgel mit bleiernen Pfeifen übersandt haben, welche in der Kirche zu Compiègne aufgestellt wurde. Sicher ist, daß unter Karl dem Großen eine griechische Orgel nach Deutschland kam. Sie wird jener Orgel als Vorbild gedient haben, welche Ludwig der Fromme im Dom zu Aachen aufstellen ließ. Schon frühzeitig standen die deutschen Orgelbauer und Orgelspieler — zumeist als Mönche Schüler des Orgelbauers Georgius in Venedig, eines Zeitgenossen Ludwigs des Frommen — in hohem Ansehen. Papst Johann VIII. († 882) ersuchte den Bischof Anno von Freising Orgelspieler und Orgelbauer nach Italien zu senden. Man baute in dieser Zeit kleine tragbare Orgeln, Portative genannt, und feststehende größere Werke oder Positive. Der bedeutende Theoretiker Giuseppe Zarlino († 1590 als Kapellmeister zu Venedig) behauptet in seiner grundlegenden Schrift: »Sopplimenti musicali« (1588), die Orgel sei von Griechenland über Ungarn nach Deutschland, und zwar zuerst nach Bayern gekommen. Nach Zarlino soll in der Kathedrale zu München eine griechische Orgel gewesen sein, deren sämtliche Pfeifen aus Buchsbaum waren, jede Pfeife aus einem Stück gefertigt.

Die ältesten Orgeln hatten 8—15 Pfeifen aus Kupfer oder Erz und wurden beim Gesangunterricht verwendet. Die Klaviatur dieser Instrumentchen bestand in aufrecht stehenden, mit dem Namen des betreffenden Tones bezeichneten Plättchen, welche durch Zurückklappen die Pfeife ertönen, durch Empordrücken verstummen ließen. Interessant sind die auf ein Gedicht des Benediktiners Wolstan sich stützenden Angaben des Mich. Prätorius († 1621 als Kapellmeister in Wolfenbüttel) in seinem für die Geschichte der Orgel so wichtigen Werke »Syntagma

musicum« über eine Orgel, welche der Bischof Elfeg zu Winchester
962 für die dortige Kirche erbaut haben soll. Dieses Werk hatte bereits
zwei Klaviere, jedes zu 20 Tasten (dem Umfang des Guidonischen
Monochords entsprechend), 26 Bälge und 400 Pfeifen, von denen 10 auf
jede Taste kamen. Die Oktaven und Doppeloktaven waren mehrfach
besetzt. Zwei Organisten spielten diese Orgel; jeder regierte sein eigenes
Alphabet. Die kleinen unvollkommenen Bälge wurden von 70 Kalkanten
»im Schweiße ihres Angesichts« bedient. — Im 11. Jahrhundert brachte
man die Zahl der Tasten auf 16. Um diese Zeit fing man an, die Pfeifen
ausschließlich aus Zinn, Metall oder Holz zu machen. Die kleinen
Orgeln des 4. bis 11. Jahrhunderts hatten eine sehr leichte Spielart. Zur
Begleitung des weltlichen Gesanges bediente man sich kleiner Hand-
orgeln. Dieselben wurden mittels eines Bandes um den Hals getragen.
Die linke Hand bewegte den Blasebalg, die rechte spielte die Tasten. Aus
diesen tragbaren Orgeln sind unsere Drehorgeln hervorgegangen. —
Die zu einer Taste gehörigen Pfeifen waren bis zum 12. Jahrhundert
unisono oder in der Oktave eingestimmt. Von da ab fügte man nach
Hucbalds († 930) »Organum« Quinten zu Oktaven, und im 13. Jahrhundert kamen chromatische Töne zu den diatonischen. Freilich
wurde mit der Vergrößerung und Umgestaltung des Instruments die
Mechanik desselben komplizierter und im 13. und 14. Jahrhundert
soll nach Calvisius († 1615), Calvör († 1725), Sponsel u. a. die Spielart
der Orgel so schwer gewesen sein, daß die Tasten mit den Fäusten ge-
schlagen (?) oder mit den Ellbogen heruntergestemmt (?) werden mußten
(Orgelschlagen)[1]. — Orgeln mit zwei Klaviaturen waren in dieser Zeit
nichts Seltenes. Die von dem Priester Nik. Faber 1361 für den Dom in
Halberstadt erbaute Orgel mit 20 Faltenbälgen (Seite 14) und 14 diatonischen sowie 8 chromatischen Tönen von H—a hatte bereits 3 Klaviere
(2 Diskant- und 1 Baßklavier) und eine Pedalklaviatur. Infolge der
verbesserten Bälge waren zur Bedienung dieses Werkes nur 10 Kalkanten erforderlich. Es scheint also die Erfindung des Pedals, welche
man in das 15. Jahrhundert verlegt und dem Organisten der Markus-
kirche in Venedig, Bernhard dem Deutschen, zuschreibt (1470),
bloß eine Bekanntmachung der Faberschen zu sein, oder beide hatten
ganz unabhängig von einander dieselbe Erfindung gemacht. Andere
schreiben die Erfindung des Pedals dem belgischen Geigenmacher
Ludwig van Valbeck (14. Jahrhundert) zu. Das Pedal umfaßte
anfangs bloß 8 Töne, deren Ventile durch herabhängende Stricke ge-

---

[1] Orgelschlagen dürfte gleichbedeutend sein mit Orgelspielen; vgl. die
Laute »schlagen«. Abraham a Santa Clara († 1709): »Job (Hiob), eine Orgel,
wann man sie schlägt, so gibt sie einen guten Klang.« (Judas d. Erzsch. 2. Bd.
Seite 368.)

öffnet wurden, welche unten mit einer Schlinge versehen waren, in die man den Fuß behufs Niedertretens steckte. Gar bald erkannte man die Wichtigkeit des Pedals und vom Anfang des 15. Jahrhunderts an wurde keine größere Kirchenorgel mehr ohne Pedal gebaut, letzteres zuerst in sehr primitiver Form und lange Zeit hindurch fast durchwegs in der Seite 12 gezeichneten Gestalt.

Im 15. Jahrhundert waren bereits die Manualklaviaturen und ihre Tasten »den jetzigen fast an allem gleich« (Prätorius a. a. O.). Bis zum 15. Jahrhundert war das Pfeifenwerk der Orgel noch nicht in Register und Stimmen geschieden, sondern es erklangen alle auf einem Hohlraum (Windkanal, Windlade, Kanzelle) stehenden, zu einer Taste zählenden Pfeifen von verschiedener Länge und in Oktaven und Quinten abgestimmt, beim Niederdrücken der betreffenden Taste gleichzeitig, so daß die Orgel wie eine Mixtur wirkte und einen unerträglichen Lärm verursachte. Im 13. Jahrhundert erhoben sich denn auch Stimmen gegen den Gebrauch der Orgel in der Kirche. Durch die Erfindung der Spring- und Schleiflade im 15. Jahrhundert war es möglich, die einzelnen Pfeifenreihen, von denen jede eine Stimme bildete, mittels eines Registerzuges zum Tönen oder Schweigen zu bringen und die Pfeifen nach ihrer Größe (Tonhöhe) und ihrem Charakter zu ordnen und auszubilden[1]). Die Einrichtung der Springlade beschreibt J. H. Töpfer in seinem »Lehrbuch der Orgelbaukunst« (II, 972) folgendermaßen: »Die Springladen, wovon ich noch ein sehr gut gearbeitetes Exemplar in einer alten Orgel zu Einbeck fand, hatten Kanzellen und Kanzellenventile wie unsere Schleiflade. Unter jedem Pfeifenloche befindet sich aber ein kleines Ventil, durch welches der Wind nach der Pfeife hin abgesperrt oder zugelassen werden kann. Zu jeder Stimme gehören also so viel Ventile, als dieselbe Pfeifen hat, wenn es nämlich eine einfache Stimme ist, oder auch so viel Ventile, als dieselbe Chöre hat, wenn es eine gemischte Stimme ist. Beim Anzuge eines Registers wurden die sämtlichen zu der betreffenden Stimme gehörigen Ventile niedergedrückt, d. h. von den Pfeifenlöchern entfernt.« Stieß man nun das Register ab, so sprangen die Ventilchen vermöge der darunter befindlichen Messingfedern wieder zu, weshalb man diese Windlade »Springlade« nannte. Deckte aber ein Springventil nicht ganz genau oder blieb es hängen, so entstand ein Heulen oder es tönten Pfeifen nach, auch wenn der Registerzug abgestoßen war. Diese künstliche, sehr vielen Reparaturen ausgesetzte Springlade wurde anfangs des 16. Jahrhunderts durch die Schleiflade verdrängt. Doch stammt die älteste bisher

---

[1]) Eine Orgel mit einem Registerknopf zeigt das bekannte Bild der musizierenden Engel vom Genter Altar des Hubert und Jan van Eyck (15. Jahrh.).

bekannt gewordene, von Andr. Werkmeister aufgefundene Schleiflade des Orgelbauers Martin Agricola bereits aus dem Jahre 1442. (Über die Schleiflade unserer mechanischen Orgeln siehe S. 17 ff.) Statt der Spring- und Schleifladen gebrauchte man wohl auch Kegelladen. Die ältesten bis jetzt in Deutschland aufgefundenen Kegelladen baute der Tübinger Orgelbauer Hausdörfer um 1750. In Ungarn (Debreczin) fand man ebenfalls solche alte Kegelladen, so daß die Annahme, die Kegelladen stammten von den Byzantinern und wären überhaupt die älteste Art der Laden, keine unbegründete ist. (Über die Kegelladen unserer Orgeln siehe Seite 19 und 20.) — Ein Fortschritt im Orgelbau des 16. Jahrhunderts war die Festsetzung der Orgelstimmung nach dem anfänglich tieferen Chorton im Gegensatz zu dem damals hohen Kammerton. Später verwechselte man diese beiden Bezeichnungen und, um Pfeifenmaterial zu sparen, wählte man im 18. Jahrhundert mit Vorliebe für die Orgelstimmung den höheren Kammer-, eigentlich Chorton. Erst nach mannigfachen Kämpfen kam es 1885 auf dem Wiener internationalen Kongreß zur Festsetzung des Pariser Kammertons mit 435 Doppelschwingungen in der Sekunde für das eingestrichene a.

Interessant ist die sog. Orgeltabulatur, eine im 15. und 16. Jahrhundert in Deutschland allgemein übliche Notenschrift, welche sich nicht der Liniensysteme und Notenköpfe bediente, sondern die Töne durch Buchstaben oder Zahlen bezeichnete. — Der Nürnberger Orgelbaumeister Hans Lobsinger († 1570) erfand um 1550 den Spannbalg (Seite 15), der im Vergleich zu den zahlreichen kleinen Faltenbälgen mehr Wind von gleichmäßiger Stärke lieferte, so daß die Zahl der Bälge verringert werden konnte. Im 16. Jahrhundert lernte man das Decken einzelner Register kennen (Gedackte siehe Seite 47), man beachtete die Klangfarben verschieden mensurierter Pfeifen (Mensur, siehe Seite 72), wandte in dieser Zeit die Rohrwerke an (Seite 50) und suchte die Ansprache gewisser Pfeifen zu verbessern, indem man die letzteren mit Bärten versah (Seite 48). — 1677 erfand der Orgelbaumeister Christian Förner in Wettin bei Halle die Windwage, mit deren Hilfe man die Stärke des Windes eines jeden Balges messen und durch Belastung oder Hilfsfedern die Gleichmäßigkeit des Windes regulieren kann. Das 17. Jahrhundert brachte zudem die Einführung der gleichschwebenden Temperatur (Andr. Werkmeister, Joh. Mattheson u. a. 1690). Bekanntlich besteht das Wesen der »temperierten Stimmung« darin, daß man die Unterschiede zwischen dem großen und kleinen Halbton (z. B. c—des, c—cis), zwischen den unharmonischen Tönen und andere Verschiedenheiten der mathematischen Messung aufhebt und die Oktaven in 12 gleichgroße Halbtöne teilt, wodurch die Oktaven rein, die Quinten und Quarten nahezu rein werden, während die übrigen Intervalle von den mathematisch reinen mehr oder weniger abweichen. Dadurch kann man alle Tonarten gebrauchen, in die entferntesten derselben modulieren, und an Stelle des alten Tonsystems konnte unser jetziges mit seinen zwei Tongeschlechtern Dur und Moll treten (vgl. »Das wohltemperierte Klavier« von Joh. Seb. Bach).

Im 17. und 18. Jahrhundert suchte man das Äußere der Orgel besonders auszuschmücken, verfiel aber dabei nicht selten in sinnlose Spielerei und unpraktische Anordnung. Zu den beweglichen Sternen, Monden und Zimbelsternen kamen Glockenspiele, Vogelgezwitscher und Kuckucksruf. Adler schlugen mit den Flügeln oder flogen zur Sonne; Engel setzten die Trompete an den Mund, schlugen die Pauke oder dirigierten. Bei Trauerfeierlichkeiten oder am Karfreitag mußte der Tremulant das Schluchzen nachahmen usw. Die mit vergoldetem Schnitzwerk und kunstvollen Figuren oft verschwenderisch ausgestatteten Prospektfronten, sowie in Galerien und Türmen verteilten Pfeifen beanspruchten meist lange Windkanäle, was nicht selten ein verspätetes Ansprechen der Pfeifen zur Folge hatte. Gegen die Mixturen und das sog. Schreiwerk der Orgel, das noch von bedeutenden Meistern des 18. Jahrhunderts mit Vorliebe disponiert wurde, wandte sich der verfeinerte Kunstsinn der neueren Zeit, indem auf die Vermehrung der Grundstimmen, der achtfüßigen Manualstimmen sowie der acht- und sechzehnfüßigen Labialbässe gedrungen wurde. — Einen nicht zu verkennenden Einfluß übte in dieser Beziehung der Abbé Joseph Vogler († 1814 in Darmstadt) durch sein am Anfang des 19. Jahrhunderts aufgestelltes Simplifikationssystem, das Überflüssiges und Unzweckmäßiges aus dem Mechanismus der Orgel zu entfernen suchte. Vogler verwarf die Mixturen, die Prospektpfeifen und allen äußeren Zierat, drängte die Register auf einen ungemein engen Raum zusammen, indem er die in chromatischer Folge aufgestellten Pfeifen in einen Schrank einschloß, rückte die Bälge näher an die Windladen und bediente sich zur Erzeugung tiefer Töne mit Vorliebe der »akustischen Töne« (S. 69). Das Voglersche System, welches die Orgel zu einem schmucklosen tönenden Kasten herabdrückte und durch zu dichte Häufung der Pfeifen eine volle Entwicklung ihrer Klangfülle und Klangfarbe verhinderte, entsprach, abgesehen von Einzelheiten, die praktisch waren, doch nicht durchwegs den gehegten Erwartungen.

Die wesentlichsten Verbesserungen an den verschiedenen Teilen der Orgel brachte das 19. Jahrhundert, das Zeitalter des Dampfes und der Maschinen. So erfand der berühmte Akustiker Kaufmann in Dresden den Kompressionsbalg, Markussen in Apenrade (Dänemark) den Kastenbalg (Seite 15), Eberhard Friedrich Walcker († 1872 in Ludwigsburg) die Seite 19 beschriebene Kegellade, Ca-

vaillé-Coll zu Paris den Magazinbalg (Seite 15), von Schulze
und Ladegast verbessert. Der englische Orgelbauer Charles Spackmann
Barker († 1879) erfand 1830 den pneumatischen Hebel, auch
pneumatische Maschine genannt, eine Vorrichtung, bei welcher kleine
Balghebel, denen durch Niederdruck der Tasten aus eigenen Windladen
Orgelwind zugeführt wird, das Aufziehen der Spielventile be-
besorgen. Auch die Bewegung der Registerschleifen, der Kegelventile
usw. kann auf pneumatischem Wege bewerkstelligt werden, und nicht
selten sucht man durch Einfügung der Pneumatik in geeignete ältere
mechanische Werke die Spielart derselben zu erleichtern (Seite 36 ff.).
W. Sauer erfand das Kombinationspedal (Kollektivtritte). Durch
die Erfindung der Seite 96 ff. besprochenen Kombinationen, des
Echowerkes, des Rollschwellers usw. erhielt unsere gegenwärtige
Orgel die Ausdrucksfähigkeit eines Konzertinstrumentes ersten Ranges.
Auch die Bestrebungen, das Gebläse durch Dampf-, Gas-, oder
Elektromotoren betreiben zu lassen, das Regierwerk durch einen
Elektromagnet zu ersetzen, vor allem aber die Verbesserung des
pneumatischen Regierwerkes sind Beweise für das rastlose Vor-
wärtsstreben unserer Zeit auf dem Gebiete des Orgelbaus.

Schon seit Jahrzehnten beschäftigten sich namhafte Orgelbaumeister und Ingenieure mit Versuchen mannigfachster Art, um den
elektrischen Strom für die Orgel nutzbar zu machen, bis es endlich zum Bau elektrischer Orgeln kam. Erfordert schon im
allgemeinen die Elektrizität ein tiefes Studium, so ist bei Nutzbar-
machung der elektrischen Kraftübertragung für die Orgel unendlich
vieles zu beachten, zumal für ein Orgelwerk nur Schwachstrom in
Anwendung kommen kann. — In England beschäftigte sich Dr.
Gauntlett-London, bereits um 1848 mit dem Problem der elektrischen
Orgel. Es glückte aber weder ihm noch John Wesley Goundry, der
anfangs der 60er Jahre von sich reden machte, auch nur einigermaßen,
Erfolg zu haben. Erst der Ingenieur Hope Jones in Liverpool, nach
dessen System 1885 in Birkenhead eine elektrische Orgel gebaut wurde,
welches größtes Aufsehen erregte, wirkte bahnbrechend. — In Frankreich
wurden schon 1855 die ersten Versuche auf diesem Gebiete gemacht. Auf
der Pariser Ausstellung befand sich um diese Zeit eine elektrische Orgel,
die aber viele Mängel aufwies und sich keineswegs als vorbildlich erwies.
Im Jahre 1886 trat Orgelbaumeister Merklin-Lyon (später in Paris),
mit einem System auf den Plan, das sich jedoch auch nicht bewährte.
Merkwürdigerweise hat man fernerhin wenig oder gar nichts mehr
über den Bau elektrischer Orgeln in Frankreich gehört. Es scheint dieses
System dort fallen gelassen worden zu sein. — Ganz anders gestalteten
sich die Verhältnisse in Amerika. Dort erhält heutzutage fast jede

Orgel, und sei sie noch so klein, elektrisches Regierwerk. Schmöle-Mols in Philadelphia, Jardine & Sohn, sowie Roseveelt in New York, arbeiteten unermüdlich an der Vervollkommnung eines brauchbaren elektrischen Systems. Mit dem von Skinner, Boston, wurden bis jetzt die besten Erfahrungen gemacht. — In Deutschland stand man der elektrischen Orgel lange Zeit skeptisch gegenüber. Die erste deutsche elektrische Orgel baute 1860 Walcker, Ludwigsburg, mit einem Schweizer Ingenieur für eine Musikhalle in Boston. Dieses Werk wurde jedoch nach kurzer Zeit wieder in ein mechanisches umgebaut. Später (1873) erstellte Weigle, Stuttgart, eine elektrische Orgel für die Weltausstellung in Wien. Auch dieses Werk krankte noch an manchen Übeln. Trotz vieler Enttäuschungen ließen aber die deutschen Orgelbaumeister nicht nach in ihrem Streben nach Vervollkommnung des elektrischen Systems. So entstanden besonders in den letzten Jahren viele elektrische Orgeln von Walcker, Weigle, Voit, Steinmeyer u. a., welche sich vollster Anerkennung der Sachverständigen erfreuen und ein Beweis für die Zweckmäßigkeit elektrischer Orgelwerke sind. Bemerkenswert ist, daß fast jede elektrische Orgeln bauende Firma ihr eigenes System hat. Die elektrisch spiel- und registrierbare Orgel siehe Seite 37 ff.

Bemerkung. Berühmte Orgelbaumeister der Vergangenheit sind außer den bereits genannten: Albertus Magnus um 1260 (er baute die erste Orgel im Straßburger Münster); der Nürnberger Konrad Rothenburger, der Mainzer Heinrich Traxdorf und der in Peißenberg in Bayern tätige Orgelbaumeister Schmidt (Ende des 15. und Anfang des 16. Jahrhunderts); Casparini und Esaias Compenius im 17. Jahrhundert; der Leipziger Hildebrand; die Familie Silbermann (der berühmteste der Freiberger Gottfried S. 1683—1753); Kratzenstein in Petersburg, der Erfinder der durchschlagenden Zungen; Arp Schnitzker, Zach. Hildebrand im 18. Jahrhundert u. a. — Begründer der modernen, wissenschaftlichen Orgelbaukunst ist der berühmte Organist und Schriftsteller Johann Gottlieb Töpfer, geb. 1791, gest. 1870 in Weimar (siehe später). Seine Grundsätze verwertete zuerst Johann Friedrich Schulze († 1858 in Paulinzelle bei Rudolstadt).

Berühmte Orgelbaumeister der Gegenwart sind: Gebr. Jehmlich-Dresden, I. Klais-Bonn, Rieger & Söhne-Jägerndorf (Tschechoslowakei), Röver-Hausneindorf bei Quedlinburg, Sauer-Frankfurt a. d. Oder, Schlag & Söhne-Schweidnitz, Steinmeyer & Co.-Öttingen, Siemann & Co.-Regensburg, Voit & Söhne-Durlach, Walcker & Co.-Ludwigsburg, K. G. Weigle-Echterdingen u. a.

Die Orgelliteratur ist eine ansehnliche. Von den Werken über Struktur und Behandlung der Orgel sind die wichtigsten: Jakob Adlungs: »Musica mechanica Organoedi, oder: Gründlicher Unterricht von der Struktur, Gebrauch und Erhaltung der Orgel«, 1768 von L. Albrecht herausgegeben. Das Werk ist für die Geschichte der Orgel sehr wertvoll; M. Prätorius bereits genanntes Werk: »Syntagma musicum« 1619; Don Bedos de Celles': »L'art du facteur d'Orgues«, Paris 1766—1778, 4 Bände, der fünfte Band von Hamel hinzugefügt; Andreas Werkmeisters: »Berühmte Orgelprobe« 1754 und

»Musikalische Temperatur« 1691; J. Hopkins: »The organ, its history and construction« 1855 usw. Das in bezug auf Text und Zeichnungen ausführlichste Werk der neueren Zeit ist J. G. Töpfers: »Lehrbuch der Orgelbaukunst«, 1855, umgearbeitet von Max Allihn 1888. Eine Geschichte der Orgel schrieben: Sponsel, »Orgelhistorie« 1771; J. Antony, »Geschichtliche Darstellung der Entstehung und Vervollkommnung der Orgel«, 1832; O. W. Wangemann, »Die Orgel, ihre Geschichte und ihr Bau«, 3. Aufl., 1887, u. a. Einen Führer durch die Orgelliteratur gab B. Kothe mit Th. Forchhammer heraus, 1890—1895, 2 Teile. — Das trefflichste Fachblatt ist gegenwärtig die von Alexander Wilh. Gottschalg, dem † Weimarer Hoforganisten begründete »Urania«. Außerdem gibt es mehrere vorzügliche fachgewerbliche Zeitschriften. — Soeben erschien: Johannes Biehle, Raumakustische, orgeltechnische und bau-liturgische Probleme. Untersuchungen am Dom zu Schleswig. Mit 7 Abbildungen und einem Literatur-Verzeichnis. Leipzig, C. F. W. Siegel-(Linnemann). Die 29 Seiten umfassende Broschüre kann bestens empfohlen werden.

Erster Abschnitt.

Das Äußere der Orgel und ihre Hauptbestandteile.

I. **Das Gehäuse** umschließt schützend das Innere der Orgel und soll dem Werke ein kirchlich würdiges Ansehen verleihen. Dank einer gewissen Strenge der staatlichen Baubehörden verschwinden bei uns die stillosen unförmlichen Kästen aus früherer Zeit mehr und mehr; ein wohltuender Kunstsinn sucht das Überladene, Kleinliche und Grelle des Orgelgehäuses sowie die unnützen Spielereien sorgfältig zu vermeiden. Selbstverständlich wird man alte wertvolle Orgelgehäuse zu erhalten suchen, besonders dann, wenn sie mit der inneren Einrichtung der Kirche harmonieren und ihre Verzierungen sich denen des Altars, der Kanzel usw. anpassen; es könnte sonst Wertvolles ausgemerzt und Minderwertiges an seine Stelle gebracht werden. Wo es aber irgend geboten erscheint, besonders bei Neubauten, wird das Orgelgehäuse der Größe des Orgelwerkes und dem Baustile der Kirche entsprechen müssen. — Die Orgel ist nach dem Altare und der Kanzel die wesentlichste Zierde der Kirche. Deshalb widmet der Orgelbauer besondere Aufmerksamkeit jenen systematisch angeordneten sichtbaren Pfeifengruppen und -reihen, welche, dem Innern der Kirche zugewendet, an der Stirnseite der Orgel stehen und im Vereine mit den sie umschließenden Füllungen, Pfeilern, Gesimsen und Verzierungen den **Prospekt**[1]), die Orgelfront oder Fassade bilden. Der Prospekt, in der Regel aus Prinzipalpfeifen bestehend, kann verschiedene Stockwerke enthalten und die (gewöhnlich ungradzahligen) Pfeifengruppen in der Form von Türmen, Nischen, Feldern usw. zeigen. Manche Prospektpfeifen sind nicht mit der Windleitung verbunden; sie sind »stumm« oder »blind« und dienen dann lediglich zur Verzierung. Es gibt Orgeln mit gänzlich stummem Prospekt. Doch haben klingende Prospektpfeifen stets den Vorzug, daß sie freier in der Kirche tönen. — Es ist nicht gut, das Gehäuse allzuhoch zu führen und bis auf die Prospektfelder zu schließen oder die Pfeifen übermäßig zusammenzudrängen, weil dadurch die Entfaltung ihrer Klangkraft beeinträchtigt wird. Die in England und Amerika häufig anzutreffenden Gehäuse mit freistehendem Prospekt kommen auch in Deutschland nach und nach mehr in Aufnahme; denn sie haben vor den bei uns gebräuchlichen Gehäusen den Vorzug, daß bei ihnen die Tonentwicklung eine wesentlich günstigere ist. Daß solche Orgelwerke

---

[1]) Siehe das Bild auf Tafel I vor dem Titel.

dem Staube mehr ausgesetzt sind, dürfte nicht in Betracht kommen. Wird übrigens der goldene Mittelweg eingeschlagen und im Obergehäuse an Holz gespart, beschränkt man sich auf wenige, dagegen geräumige Öffnungen im Prospekte, werden dieselben durch freistehende klingende Register verziert, wird das Gehäuse einfach und geräumig gemacht: so kann schon bei einer mäßigen Stimmenzahl eine ausgiebige Tonfülle in den Zuhörerraum gelangen. — Die günstigste Anlage für das Orgelgehäuse ist die sog. breite Anlage. Bei ihr können viele Pfeifen nach vorne sprechen, zudem wird ein beträchtlicher Raum für den Sängerchor gewonnen. Selbstverständlich gibt man der Orgel den in räumlicher und klanglicher Beziehung günstigsten Platz. Sie darf nicht zu hoch gestellt werden, weil die Nähe der Kirchendecke den Pfeifenklang beeinträchtigt. Den günstigsten Standpunkt hat die Orgel unstreitig auf der ersten Empore.

Meist in der Mitte der Orgelfront befindet sich der Klavierschrank, der die Klaviaturen und Registerzüge sowie wichtige Teile der Traktur und Spielmechanik (siehe später) enthält, welche durch den Niederdruck der Tasten, auch durch die Bewegung der Registerzüge in Tätigkeit gesetzt werden. Unter dem Klavierkasten befindet sich das Pedal. — Bei älteren Orgeln ist der Spielschrank in der Regel in das Untergehäuse eingebaut, sodaß der Organist dem Kirchenschiff den Rücken zuwenden und mit dem Geistlichen durch einen Spiegel verkehren muß. Diese Anlage ist ebenso unpraktisch als jene durch Mangel an Raum auf der Orgelempore oder andere Umstände, gebotene Aufstellung der Klaviatur hinter der Orgel. Sollten ungünstige räumliche Verhältnisse den Orgelplatz nach der Tiefe hin allzusehr beschränken, so empfiehlt sich als das kleinere Übel die Anlage der Klaviaturen bzw. des Organistensitzes an der Seite. Diese Anlage ist sogar bei Orgeln von geringer Höhe zu empfehlen, damit die bloß in Kopfhöhe des Organisten aufgestellten tönenden Prospektpfeifen dem Spieler nicht lästig werden, auch die Wirkung seiner Registerzusammenstellung nicht beeinträchtigen können. Der einzig praktische Klavierkasten ist aus vielen naheliegenden Gründen der sog. Spieltisch, ein besonderer Vorbau vor der Orgel, wie ihn die modernen pneumatischen Werke fast ausnahmslos aufweisen (Fig. 16). Doch ist auch bei mechanischen Laden die Benutzung eines Spieltisches möglich (Fig. 8). Wir werden auf die Einrichtung des erstgenannten Spieltisches später ausführlicher zurückkommen. — Die Manualklaviatur besteht, wie beim Klavier, aus Unter- und Obertasten. Ihr Umfang erstreckt sich gewöhnlich chromatisch von C—f^3 (54 Tasten), in neuerer Zeit meist bis g^3, bei großen Werken bis a^3 (58 Tasten). Hat die Orgel zwei Manuale, so bildet das untere das Hauptklavier, weil es die Mehrzahl der großen und kräftigen Stimmen vereinigt; bei drei und vier Klaviaturen ist in der Regel ebenfalls die untere das Hauptklavier oder das erste Manual, die mittlere das zweite, die obere das dritte resp. vierte Manual (Haupt-, Unter- und Oberwerk). Bei vier Manualen ist die Folge manchmal (in England in der Regel) 2, 1, 3, 4, so daß das vierte Manual die zartesten Register enthält. Die Orgel der Martinskirche zu Tours, von Le Fevre 1761 erbaut, hat 53 Stimmen, fünf Manuale und ein Pedal. — Das Pedal enthält die Manualtasten in vergrößertem Maßstab chromatisch von C—d^1 (27 Tasten), bei neuen Werken von 20 Stimmen an in der Regel bis f^1 (30 Tasten). Geschichtlich merkwürdig ist die sog. »kurze«, sowie die »gebrochene« tiefe Oktave der älteren Orgeln. Bei der kurzen Oktave scheinen die Töne im Manual und Pedal bei E anzufangen. E gibt aber C, F = F, die Halbtöne Cis, Dis, Fis und Gis fehlen, so daß die Obertaste nach F das D gibt; G = G, Gis = E, A = A, und von da an geht die Tonfolge der übrigen Oktaven wie auf dem Klavier fort (Fig. 1). Waren der kurzen

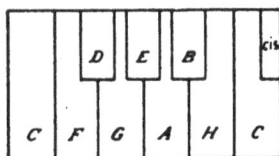

Fig. 1.
Kurze tiefe Oktave.

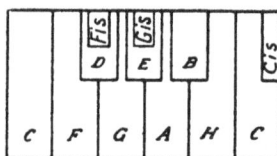

Fig. 2.
Gebrochene tiefe Oktave.

Oktave noch zwei kürzere Tasten über den Obertasten D und E zugegeben, das Fis und Gis, so entstand die gebrochene Oktave (Fig. 2). Raum- und Kostenersparnis, wohl auch der seltene Gebrauch des Cis, Dis, Fis und Gis wegen der damaligen ungleichschwebenden Temperatur waren die Ursachen für diese »verkrüppelte« Gestalt der tiefen Oktave.

Bemerkung. Früher teilte man die Orgeln ein in ganze, dreiviertel, halbe und viertel, je nachdem sie vier, drei, zwei Klaviere oder ein Klavier hatten. Andere unterschieden die Orgeln nach ihren Prinzipalregistern in ganze, wenn das Hauptwerk einen 16'-Prinzipal, in halbe, wenn es einen 8', in viertel Orgeln, wenn es einen 4' hatte. Beide Ansichten sind falsch. Ein Werk mit selbständigem Pedal und auch nur einer Manualklaviatur ist ganz, d. h. vollständig, wenn seine Register in richtig disponierten Verhältnissen stehen und Manual und Pedal den gebräuchlichen Tonumfang haben. In diesem Sinne gibt es nur große, mittlere und kleine Orgeln.

Einzelne ältere große Orgeln haben zwei Pedale. Das obere, kürzere, ist dann das Nebenpedal und wird bei sanften Vorträgen benutzt. — Die bogenförmige Pedalklaviatur, nach beiden Seiten aufsteigend, bei welcher auch die Obertasten nach außen sich verlängern, also auch diese bogenförmig angelegt sind, wird bei größeren

Werken, besonders aber bei Konzertorgeln angewandt, da sie insofern praktischer erscheint, als bei ihr der Druck des Fußes auf die äußeren Tasten mehr senkrecht erfolgt, während er bei gewöhnlichem Pedal ein schiefer ist und sich deshalb die senkrecht abwärtsgehende Taste an einer Backenseite der Futterung reiben muß. — Die Weite der Manualklaviatur von 4½ Oktaven soll zwischen den Backen 0,745 m, die der Pedalklaviatur von Mitte C bis Mitte d¹ (2¼ Oktaven) 1,01—1,05 m betragen (Ministerialentschließung vom 9. Mai 1884). — Sowohl das Orgelgehäuse als auch der Spieltisch müssen genügend verschlußfähig sein.

    II. Die Hauptbestandteile der Orgel sind: 1. Das Windwerk (Gebläse), welches den Orgelwind, die verdichtete, komprimierte Luft, erzeugt und nach dem Innern der Orgel zu den Windladen (Windkästen) führt; 2. die Windladen, welche den Wind nach dem Willen des Spielers an die einzelnen Pfeifenreihen und Tasten verteilen. Sie bilden die Seele, das Fundament der Orgel; 3. das Regierwerk oder die Mechanik, welche den Orgelwind aus der Windlade in die zu den betreffenden Pfeifen führenden Wege zu leiten hat; 4. die Pfeifen (das Pfeifenwerk), die den Wind empfangenden, tongebenden Teile der Orgel.

Zweiter Abschnitt.

Das Windwerk.

I. Die Bälge.

    Der Orgelwind, d. i. verdichtete Luft, deren Stärke oder Dichte bei Kirchenorgeln zwischen 70—100 mm der Windwage wechseln kann, wird durch die Bälge (Fig. 3 und 4) erzeugt. Es sind dies luftdichte, einer Erweiterung und Verengung fähige Behälter mit je zwei Ventilen, nämlich dem Schöpf- oder Saugventil d, das sich nach innen, und dem Kropfventil, Fig. 3 g, das sich nach außen in den Windkanal h öffnet. Tritt der Kalkant den Balgklavis b, so erweitert er den inneren, leeren Raum des Balges c und bewirkt dadurch eine Verdünnung der Luft in demselben, weshalb sogleich durch das Saugventil d atmosphärische Luft in den Balg nachdringt. Durch die auf der Oberplatte liegenden Gewichte, Fig. 4 m wird nun der Balg und damit die Luft in demselben zusammengedrückt. Da aber diese verdichtete Luft, der Orgelwind, das Saugventil *d* fest anpreßt, so muß dieselbe bei Bälgen älterer Konstruktion durch das Kropfventil, Fig. 3*g*, in den Windkanal, Fig. 3*h*, strömen (siehe Windkanäle Seite 17). — Gleichmäßige Stärke des Windes bewirkt selbstverständlich eine frische Ansprache und kräftige Intonation, hat also eine ausgiebige Tonwirkung zur Folge.

Bemerkung. Kleinere Orgeln bedürfen Wind von bloß einerlei Stärke. Größere Werke erfordern mehrerlei Windstärke, so für das Hauptwerk, die Rohrstimmen, das Pedal, für Nebenmanuale, für die Pneumatik, für Hochdruckpfeifen usw. Verschiedene Windstärke erreicht man durch die Anlage von Regulatoren. Es sind dies kleine Magazingebläse ohne Schöpfbälge, ähnlich Fig. 4, welche auf dem zur betreffenden Windlade führenden Windkanal liegen. Dieser Windkanal ist etwa auf der Mitte des Regulators abgesperrt und gibt seinen Wind in den Regulator ab durch ein Ventil, das mit der Oberplatte desselben verbunden ist. Da der Regulator stets schwä-

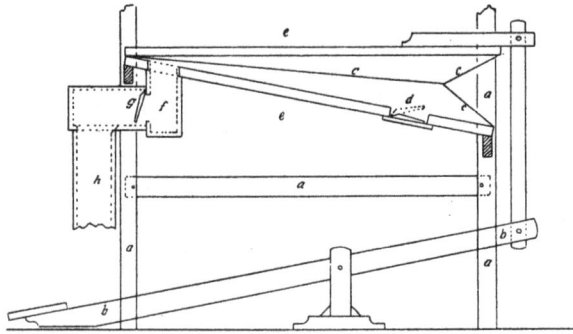

Fig. 3. Spann- oder Keilbalg.

cheren Wind abgibt, als ihm zugeführt wird, so ist auch seine Oberplatte entsprechend weniger belastet als das Hauptgebläse. Es hebt sich deshalb mit dem Eintritt des Windes in den Regulator sofort dessen Oberplatte, wodurch das obengenannte Ventil zugezogen wird; dasselbe öffnet sich dann beim Orgelspiel nur soweit, resp. läßt nur so viel abgeschwächten Wind durch und in den zur Windlade führenden Kanal gelangen, als für die sprechenden Pfeifen erforderlich ist. In der großen viermanualigen Orgel der Gedächtniskirche zu Speyer ist Wind in vier verschiedenen Stärken verwendet.

Die hauptsächlichsten Arten von Bälgen sind die Falten-, Spann-, Kasten- und Magazinbälge. — 1. Die Faltenbälge der alten Orgeln glichen den Schmiedebälgen (Seite 2). Sie legten sich beim Niedersetzen des oberen Teils in mehrere Falten zusammen. Weil sich aber beim Zusammenlegen jeder Falte auch der Wind etwas veränderte, entstand ein ungleicher Klang der Orgel. Überdies waren sie weniger dauerhaft, auch mußte wegen der Kleinheit der Bälge eine große Anzahl derselben verwendet werden. Sie haben für uns nur mehr historisches Interesse.

— 2. Die Spannbälge, seit 1570, bilden beim Niedersinken bloß eine Falte, sind wegen ihrer einfacheren Bauart dauerhafter und geben gleichmäßigeren Wind.

Der Spannbalg (Keilbalg), Fig. 3, besteht aus zwei gleichgroßen, länglich viereckigen Platten *e*, von denen die untere unbeweglich auf dem Balggerüste *a* liegt. Die Oberplatte kann durch Niedertreten des Balgklavis *b* keilförmig aufgezogen werden, weil sie mit der unteren nur an der dem Kalkanten zugewandten schmalen Seite beweglich verbunden ist. An den drei anderen Seiten, den zwei langen und der übrigen schmalen Seite, sind je zwei, also sechs Faltenbretter angebracht, welche unter sich und mit den beiden Platten durch Pferde- oder Hirschflechsen und darüber geleimtes Leder luftdicht, aber beweglich zu je einer nach innen schlagenden Falte *c* verbunden sind. Siehe auch Seite 17 II.

3. Seit 1840 gibt es horizontal aufgehende Spannbälge, sog. Parallelbälge. Dieselben haben acht Faltenbretter, welche an beiden Platten auf allen vier Seiten befestigt sind, und liefern doppelt so viel Orgelwind als Spannbälge bei gleicher Größe. — 4. Namhafte Orgelbaumeister (Markussen, Walcker) benutzten zur Erzeugung des Orgelwindes die seit langer Zeit in Eisen- und Hüttenwerken durch Wasser- oder Dampfkraft in Bewegung gesetzten Kastenbälge. Ein solcher Kastenbalg besteht aus zwei viereckigen Kasten, von denen der äußere feststeht, während der innere sich luftdicht aufwärts ziehen läßt, wodurch sich der äußere Kasten mit Luft füllt. Benutzt man nur einen Kasten, der mit einer Platte (einem Stöpsel) luftdicht geschlossen ist, so entsteht der Stöpselbalg. Die Kastenbälge liefern einen noch gleichmäßigeren Wind als die Spannbälge, sind aber schwerer zu treten oder zu ziehen, weil sie größere Mengen Wind fassen, zu deren Herbeischaffung auch größere Kraft erforderlich ist, und weil ihnen der Vorteil des einarmigen Hebels nicht zu statten kommt. Bei den bis jetzt genannten Bälgen hört der Druck des Gewichts auf, sobald man den Balg aufzieht. Es sind deshalb bei solchen Bälgen, auch bei der kleinsten Orgel, wenigstens zwei erforderlich, damit, während der eine Balg aufgezogen wird, der andere seinen Wind an die Windladen durch die Kanäle abgibt.

5. Die Keil- und Parallelbälge sind in neuerer Zeit von dem Seite 7 genannten Magazinbalg (Fig. 4) verdrängt worden. Er besteht aus einem Parallelbalg, zwischen dessen Platten aber zwei Falten angebracht sind, von denen die eine nach außen, die andere nach innen sich zusammenlegt. Diese Falten sind an einem starken, den Dimensionen der Ober- und Unterplatte entsprechenden Rahmen zwischen den beiden Platten befestigt. Damit beide Falten eine gleiche Bewegung machen und die Deckplatte in horizontaler Lage erhalten wird, sind die beiden

Platten und der Rahmen durch bewegliche Eisengelenke oder Ausgleichungsscheren verbunden. Dieser Parallelbalg bildet bloß ein Magazin für verdichtete Luft, daher sein Name. Die atmosphärische Luft wird ihm nämlich durch kleinere Schöpfbälge oder durch Luftpumpen zugeführt. Durch Gewichte auf der Deckplatte wird diese Luft zusammengepreßt (Orgelwind). Ein einziger Magazinbalg erfüllt denselben Zweck als zwei Keil- oder Parallelbälge. Dazu kommt, daß der Magazinbalg kein Kropfventil, Fig. 3g, braucht und wenig Raum einnimmt, weshalb er im Innern der Orgel und nahe der Windlade angebracht werden kann, was eine prompte Ansprache des Pfeifenwerkes zur Folge hat und das Schwanken des Orgeltons bei vollgriffigem Spiel oder ungeschicktem Treten der Bälge ausschließt.

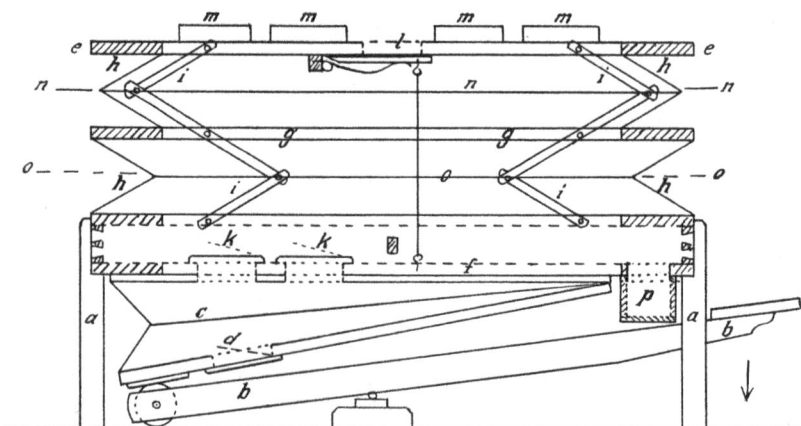

Fig. 4. Magazinbalg.

Erklärung zu Fig. 4: *a* Balgstuhl, *b* Hebel oder Balgklavis, *c* Schöpfbalg, *d* Saugventil des Schöpfbalges, sich nach innen öffnend; *e* Oberplatte, *f* Unterplatte, *g* Rahmen, *h* Faltenbretter, *i* Scheren, *k* Ventile in der Unterplatte (sich nach innen öffnend), durch welche der Luftstrom aus dem Schöpfbalg in den Magazinbalg geht; *l* Auslaß- oder Sicherheitsventil, das sich nur öffnet, wenn in den bereits gefüllten Magazinbalg immer noch Luft mit dem Schöpfbalg gepreßt wird; *m* Gewichte auf der Oberplatte, *n* auswärts gehende Falte, *o* einwärts gehende Falte, *p* Hauptkanal, in welchen der Orgelwind direkt strömt.

Bemerkung. In neuerer Zeit werden die Orgelgebläse fast überall da, wo elektrische Energie zur Verfügung steht, durch Hochdruckventilatoren, deren Flügelrad auf der verlängerten Welle eines Elektromotors aufgesetzt ist, gespeist und haben sich die Gebläsemaschinen der Firma G. Meidinger & Co.-Basel besonders ihres ruhigen Ganges und geringen Strom-

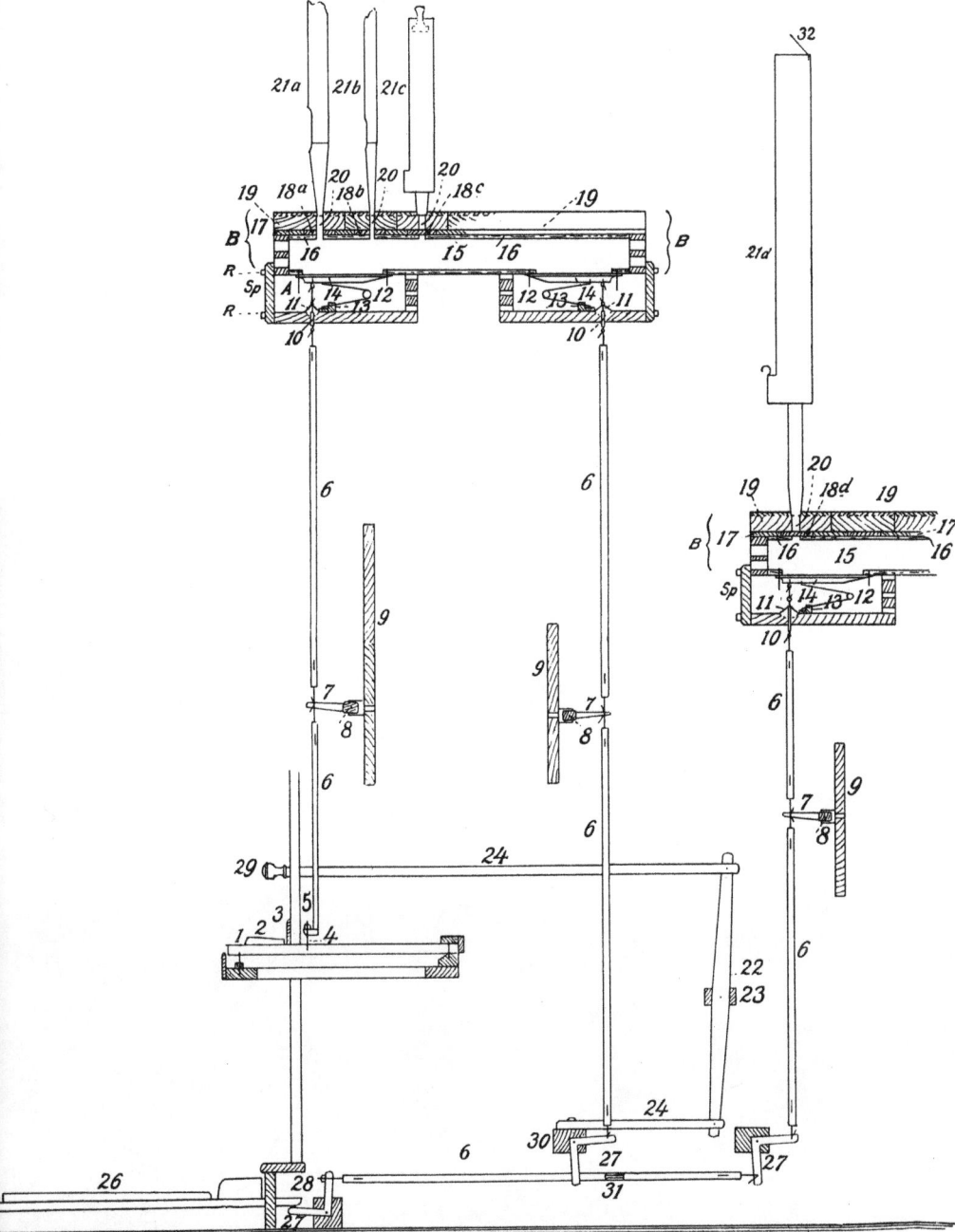

Fig. 5. Durchschnitt einer Schleifladenorgel, Seitenansicht des Manuals, des Pedals und der Pedalkoppel.

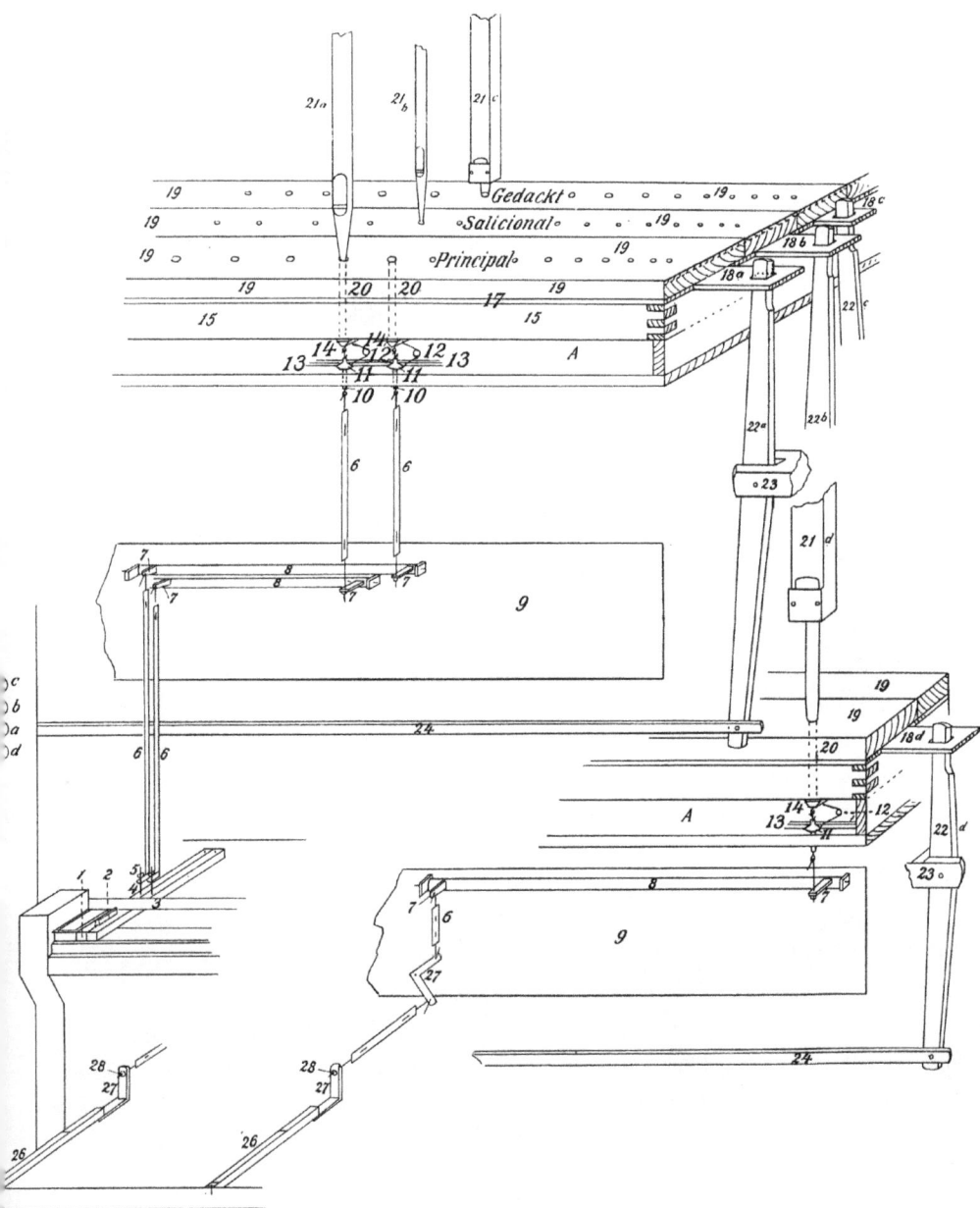

Fig. 6.   Vorderansicht einer Schleifladenorgel mit der teilweise aufgedeckten Traktur und dem durch Entfernung des Windkastenspundes geöffneten Windkasten.

verbrauches wegen bisher am besten bewährt. In Deutschland bauen Gebläsemaschinen die Firmen Laukhuff-Weikersheim, Hirzel-Leipzig, Pollrich-Leipzig, Danneberg & Quandt-Berlin u. a. Die Regulierung der Luftzufuhr geschieht zunächst automatisch durch ein mit der Platte des Magazinbalges in Verbindung stehendes Drosselventil. Ein entsprechend angebrachtes Rückschlagventil gestattet, im Falle Versagens der elektrischen Stromzuführung, den Blasbalg ohne weiteres wie sonst zu bedienen.

Transmissionsvorgelege in Verbindung mit Elektromotoren und mit selbsttätigem Regulierwiderstand, die man vor Jahren noch vielfach anwendete, wurden durch die Ventilatoren fast völlig verdrängt.

Gasmotoren mit Transmissionsvorgelegen für den Gebläseantrieb sind nur vereinzelt anzutreffen; noch seltener sind Wassermotoren, die aber wohl ihren Zweck bestens erfüllen (Georgskirche in Nördlingen, Evangel. Kirche in Nied bei Frankfurt a. M.).

II. Die Windkanäle.

Der Wind der Bälge älterer Konstruktion (Fig. 3) strömt zunächst in die Kröpfe oder Büchsen *f*. Diese sind meist rechtwinklig geknickte, verhältnismäßig weite Kanäle, durch welche der Hauptkanal *h* mit den Bälgen verbunden ist. Der Orgelwind öffnet, wie bereits gesagt, das Kropf- oder Büchsenventil *g* und füllt den Kanal *h*. Diese verdichtete Luft drückt aber auch das genannte Ventil *g* an, sodaß sie sich selbst den Rückweg in den Balg versperrt. — Beim Magazinbalg (Fig. 4) sind Büchsen- oder Kropfventile, wie bereits bemerkt, nicht nötig; hier geht der Wind vom Gebläse direkt in den Hauptkanal *p*. Derselbe, ein winddichter, länglich viereckiger, in seiner Weite den Verhältnissen des Werkes entsprechender Kasten, teilt sich in engere Nebenkanäle, wenn die Orgel mehrere Windladen besitzt. Zweckmäßig werden die Kanäle für die einzelnen Windladen nicht mehr dem Hauptkanal, sondern direkt dem mit einer Zarge versehenen Magazingebläse entnommen, wodurch die bei vielen älteren Orgeln zu findende Windstößigkeit nahezu ganz vermieden werden kann.

III. Windkasten und Windladen der mechanischen Orgel.

Um den Orgelwind an die einzelnen Pfeifen und Pfeifenreihen zu teilen, bediente man sich bisher zumeist des Schleifladen- und Kegelladensystems. Wir wollen beide Arten etwas näher betrachten, weil die meisten älteren Orgeln, die sog. mechanischen Orgeln, nach diesen Systemen gebaut sind.

1. Die Schleiflade.

Windkasten und Windlade (Kanzelle). Siehe den oberen Teil der Fig. 5 und 6, Tafel II und III der Beilage: Durchschnitt bzw. Vorderansicht der mechanischen Schleifladenorgel.

Bezeichnung der hierher gehörigen Teile in Fig. 5 (dieselben sind größtenteils auch in Fig. 6 sichtbar): *A* Windkasten, *B* Windlade, *Sp* Windkastenspund, *R* Riegel, um diesen zu verschließen, *6* Abstrakte, *12* Feder, um das Spielventil *14* emporzudrücken, *15* eine Kanzelle, *16* Kanzellenspund, *17* Dämme, *18 a*, *b*, *c* und *d* Schleifen (Schleife *18c* und *d* geschlossen), *19* Pfeifenstock, *20* Bohrung durch den Pfeifenstock, *21 a—d* vier Pfeifen verschiedener Register: *21a* Prinzipal-, *21b* Salicional-, *21c* Gedackt- und *21d* Violonbaßpfeife. Die Kanzellenspunde, Dämme, Schleifen, Pfeifenstöcke und Pfeifen der übrigen Register sind in der Zeichnung weggelassen.

a) Der Windkasten der Schleiflade *A* in Fig. 5 und 6, dessen Höhe und Tiefe von dem Luftbedarf der auf der Lade stehenden Stimmen (Register) abhängt, ist ein viereckiger, horizontal laufender Hohlraum, der stets mit Luft vom Hauptkanal gefüllt und dessen zugänglichste Seite durch herausnehmbare Spunde *Sp* (Fig. 5) luftdicht verschlossen ist, damit man an der inneren Einrichtung etwaige Reparaturen vornehmen kann. Er enthält die Spielfedern *12*, die Spielventile *14* usw. Die Funktionen dieser und der übrigen Teile in Fig. 5 und 6 werden beim Kapitel »Regierwerk« Seite 20 ff. besprochen.

b) Auf dem Windkasten ruht, zu einem Ganzen verbunden, die Windlade *B* (Fig. 5), in unserem Falle eine Schleiflade. Sie enthält zunächst die Kanzellen *15*. Das sind Zwischenräume, welche durch die sog. Kanzellenschiede — Leisten — in so viele Teile zerlegt werden, als das Manual oder Pedal Tasten besitzt, weshalb erstere ein gitterartiges Aussehen erhalten (cancelli = Gitter). Durch die von den Spielventilen *14* bedeckten Kanzellenöffnungen enthalten sämtliche Kanzellen den Wind aus dem Windkasten. Ist eine der Kanzellen nicht vollständig luftdicht, so schleicht ein Teil ihres Windes in die nebenliegende Abteilung, deren nichtgegriffene, aber dennoch mitsäuselnden Töne das sog. »Durchstechen« (Seite 113) bewirken, einen schlimmen, meist schwer zu beseitigenden Fehler. Sind die Kanzellen zu klein, ein Übelstand vieler alter Orgeln, so erklingt das Werk infolge Windmangels »schwindsüchtig« oder »schluchzend« (Seite 111). Die Kanzellen sind vom Fundamentbrette oder von Kanzellenspunden *16* bedeckt. So viele Pfeifen zu einer einzelnen Taste gehören, so viele Löcher hat der betreffende Kanzellenspund. Auf diesem oder auf dem Fundamentbrette bewegen sich in den feststehenden Dammstücken *17* (Fig. 5 u. 6) die parallel zueinander und rechtwinkelig zu den Kanzellen laufenden, mit den Registerzügen verbundenen Eichenholzschienen oder Schleifen, auch Parallelen genannt (*18a—d*). Dammstück und Schleife sind derart durchlocht, daß sie, sobald die Schleife, das Register, gezogen ist, auf die Löcher des Kanzellenspundes *16* und des Pfeifenstockes *19* passen, sodaß der Wind zu den in den Pfeifenstöcken stehenden Pfeifen gelangen kann. Ist die Schleife zurückgeschoben, z. B. Schleife *18c*, so kommen ihre Löcher seitwärts zu stehen, ihre nicht durchbohrten Teile versperren also dem Wind den Zugang zu den Pfeifen und das abgestoßene Register (in unserer Zeichnung Gedackt) ist außer Wirksamkeit gesetzt. Auch Schleife *18d* (Violonbaß) denke man sich zurückgeschoben.

Bemerkung. Manche Pfeifen, z. B. die Prospektpfeifen, können nicht auf der Windlade stehen; ihnen wird dann der Wind durch eigene Windführungen, durch Metallröhren usw. zugeführt, welche Zuleitungen Kondukten heißen. Kleinere Schleifladenwerke haben in der Regel bloß eine Lade für das Manual, während das Pedal fast immer seine eigene Lade besitzt. Dagegen ist die Manuallade größerer Werke sehr oft in zwei Teile, in zwei Längen zerlegt, weil zu große Laden schwer zu arbeiten sind und weit mehr von ungünstiger Witterung beeinflußt werden als kleinere. Auf der einen Längsseite stehen dann die Pfeifen der ganzen Töne von C bis Ais (C-Seite), auf der andern jene der ganzen Töne von Cis bis H (Cis-Seite). Damit aber beide Teile gleichzeitig funktionieren, sind sie durch eine Schleifenverbindung, Koppelholz genannt, so vereinigt, daß ein und dieselbe Wippe (in Fig. 6 stellen 22 *a—d* Wippen dar) die beiden Schleifen der zwei zusammengehörigen Kanzellen verschieben kann. Die Schleiflade soll der bereits genannte Orgelbauer Martin Agricola erfunden haben.

2. Die Kegellade.

Von der Schleiflade unterscheidet sich die von dem Orgelbaumeister Walcker in Ludwigsburg 1842 erfundene Kegellade dadurch, daß jedes ihrer Register seine eigene unter den Pfeifen hinlaufende Windkanzelle und seine eigenen Spielventile in Kegelform besitzt.

Erklärung: In Fig. 7 erhält der Winkel *1* durch Tastendruck und die teilweise angedeutete, der Traktur der mechanischen Schleifladenorgel, Fig. 5 und 6, ähnliche Spielmechanik eine aufwärtsgehende Bewegung, wodurch der Kegel *2*, das Spielventil, gehoben wird, sodaß der Orgelwind der Windkanzelle *3* in den Windkanal *4* zu der Pfeife *5* gelangen kann, vorausgesetzt, daß die Lade mit dem Hauptkanal verbunden ist, was durch ein aufschlagendes Ventil, das Registerventil, bewirkt wird. Läßt man die Taste auf, so versperrt der durch seine Schwere niederfallende Kegel *2* dem Winde den Zutritt zur Pfeife.

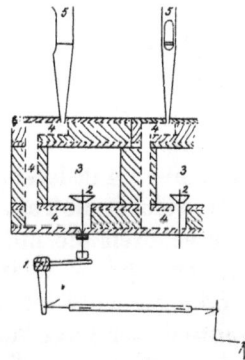

Fig. 7. Querschnitt einer Kegellade.

Bemerkung. Die Vorteile der allerdings kostspieligeren Kegellade liegen auf der Hand. Der Kegel oder das Ventil hat einen geringen Widerstand des Windes zu überwinden; zudem fällt der Druck der Ventilfeder fort, weshalb die Spielart sehr erleichtert wird im Gegensatz zur Schleiflade, welche

stets dieselbe Kraft zum Aufziehen des Spielventils erfordert, mag man ein
Register oder das volle Werk gebrauchen. Bei der Kegellade steht die aufzu-
wendende Fingerkraft im Verhältnis zu der gebrauchten Registerzahl. Die
Windkasten, die Schleifen und Kanzellen sind nicht mehr nötig, weshalb die
Registrierung bequemer, das »Durchstechen« vollständig beseitigt wird.
Zudem können bei der Kegellade Kollektivzüge (Seite 96) angebracht werden,
welche bekanntlich mehrere Register zugleich ziehen und wieder abstoßen.
Kein Register der Kegellade kann dem andern seinen Windbedarf verkürzen,
weshalb sich die Frische und Stetigkeit des Klanges gleichbleibt. Heult
infolge eines defekten Ventils ein Ton, so braucht man bloß das betreffende
Register abzustoßen. Bei der Schleiflade sind in diesem Falle sämtliche
Register in Mitleidenschaft gezogen und der Ton heult durch sämtliche
Register der betreffenden Windlade. (Über Röhrenpneumatik mit Kegelladen
siehe Seite 25 ff.)

Dritter Abschnitt.

Das Regierwerk oder die Mechanik.

Das Regierwerk oder die Mechanik hat entweder einen einzelnen
Ton zum Erklingen zu bringen und heißt dann Spielmechanik oder
Traktur oder es hat, wie die Registriermechanik oder Registratur, ein bestimmtes Register spielbereit zu machen. Je nach
dem benutzten Ladensystem ist die Mechanik eine verschiedene.
Selbstverständlich ist stets jener Mechanik der Vorzug zu geben, die
einfach und leicht spielbar ist, dabei geräuschlos geht und tadellos
funktioniert.

Zur Traktur rechnet man die Seite 11 und 12 bereits besprochenen
Manual- und Pedalklaviaturen, die Windladen und den gesamten Mechanismus, welcher die Tasten mit den Spielventilen verbindet. — Zur Registratur gehören die mit Handgriffen versehenen Manubrien oder Registerzüge — meist rechts und links vom Manual — und ihre Ver-
bindungsglieder bis zu den Schleifen der Schleiflade oder den Register-
ventilen der Kegellade, wodurch es dem Organisten möglich ist, die einzelnen Register beliebig ansprechen oder verstummen zu lassen. Die
Register müssen von der Klaviatur aus bequem zu erreichen und nach
Name und Tonmaß (Seite 73) genau und übersichtlich bezeichnet sein,
sich auch leicht und möglichst kurz bewegen. Das Registrieren wird
ungemein erleichtert, wenn die Register für Zug mit Knöpfen (Fig. 5,
29 und Fig. 6, 25 a—d) oder, was noch besser ist, für Druck tasten-
artig unmittelbar über oder auch seitlich der Klaviaturen angebracht

werden (Fig. 13b, Fig. 16). Über Registrierung siehe Seite 105 ff. — Hierher gehören auch die Manual- und Pedalkoppeln. Durch erstere wird das Hauptmanual mit dem II. bzw. III oder IV., das III. mit dem II. und I., das IV. mit dem III., II. und I. verbunden; letztere verbinden die Manuale mit dem Pedal. Über Koppeln und die sog. Nebenzüge siehe Seite 94 ff.

I. Funktion einer mechanischen Schleifladenorgel.

Um die Funktion einer mechanischen Schleifladenorgel kennen zu lernen, verfolge man die Tätigkeit der einzelnen mechanischen Vorrichtungen in den bereits genannten Figuren 5 und 6, Tafel II und III der Beilage.

Bezeichnung der einzelnen Teile in Fig. 5 und 6: *1* und *2* Manualtasten (C und Cis), *3* Zierleiste über der Klaviatur, *4* Abstraktendraht, in die Taste eingeschraubt, *5* Stellmutter, *6* Abstrakte, *7* Zugärmchen, *8* Welle, *9* Wellenbrett, auf welches die Welle *8* befestigt ist, *10* Zugrute, ein Holzstäbchen, durch welches ein Draht läuft, *11* Pulpete, ein Ledersäckchen, welches das Verschleichen des Windes verhindert (die Ledersäckchen fehlen, wenn der Draht direkt durch ein Messing-, oder Knochenplättchen luftdicht läuft); *A* Windkasten, stets mit Wind vom Hauptkanal gefüllt, *12* Spielfeder, *13* Leitleiste der Feder, *14* Spielventil, *15* Windladenraum (Kanzelle), *16* Kanzellenspund (in Fig. 6 nicht sichtbar), *17* Dammstück, zwischen welchem die Schleife *18a* läuft; Schleife *18a* (Prinzipal) und *18b* (Salicional), beide gezogen; *18c* (Gedackt) und *18d* (Violonbaß), beide nicht gezogen; *19* Pfeifenstock, auf dem die Pfeifen stehen. *20* Bohrung durch Pfeifenstock, Dammstück, Schleife und Kanzellenspund, *21* Pfeifen zu den bereits genannten Registern. In Fig. 6: *22a—d* große Wippen oder Registerzüge, auch Schlüssel genannt; *23* Wippenscheiden, in welchen die Wippen *22* beweglich befestigt sind; *24* Schubstangen zu *22*; *25a—d* Registerknöpfe, *26* Pedaltaste, *27* Winkel, *28* Stellmutter. In Fig. 5: *29* Pedalkoppel, *30* Winkelscheide, *31* Bäckchen, an die Abstrakte *6* geleimt; *32* Stimmplatte der Pfeife *21* (siehe Seite 71).

1. **Funktion des Manuals und Pedals.** Der Niederdruck der Manualtaste *1* bewirkt folgende Bewegung: Der in den Tastenhebel eingeschraubte Abstraktionsdraht *4* zieht die Mutter *5* und die mit ihr verbundene Abstrakte *6* nieder, wodurch das Zugärmchen *7* an der Welle *8*, das andere Zugärmchen *7*, die Abstrakte *6* und die Zugrute *10* abwärts bewegt werden. Durch letztere wird das Spielventil *14* niedergezogen und der im Windkasten *A* befindliche Wind (vom Hauptkanal kommend) strömt nun in die Kanzelle *15* und durch das Loch des Kan-

zellenspundes *16*, des Dammstückes *17*, der Schleife *18* und des Pfeifenstockes *19* in die Pfeife, vorausgesetzt, daß der betreffende Registerzug (Fig. 6, *25a* und *b*) und durch ihn die Schleife (*18a* und *b*) gezogen ist. Im entgegengesetzten Falle (*25c* und *d*; *18c* und *d*) sind, wie bereits bemerkt, die Löcher der Schleife so verschoben, daß letztere die Löcher der Lade und des Pfeifenstockes verdeckt, weshalb die Pfeifen (*21c* und *d*) der nicht gezogenen Register schweigen müssen, obwohl die Taste gedrückt wird. Läßt man die Taste auf, so drückt die Feder *12* das Ventil *14* an die Windlade, zugleich wird die Taste mit ihrer Mechanik in die Höhe gezogen. Der soeben geschilderte Vorgang spielt sich in ähnlicher Weise beim Niederdruck der Pedaltaste *26* ab.

2. Funktion des Registerzuges und der Pedalkoppel. In Fig. 6 wurden die Manualregister Prinzipal und Salicional (*25a* und *b*) gezogen. Dadurch wurde z. B. von der auf der Zeichnung nicht sichtbaren, aus Winkel, Wellen usw. bestehenden Mechanik die Zugstange *24* nach links, der obere Teil der Wippe *22a* nach rechts bewegt, wodurch sich die Schleife *18a* so weit nach rechts verschob, daß nun in diesem Teil der Windlade die Löcher des Kanzellenspundes, des Dammstückes, der Schleife und des Pfeifenstockes genau aufeinander passen, weshalb die Prinzipalpfeifen ertönen, sobald die Manualtasten gespielt werden. Derselbe Vorgang ist bei Salicional (*22b* und *18b*) angedeutet. Beim Herausziehen eines Pedalregisters findet selbstverständlich derselbe Vorgang statt. Gedackt und Violonbaß (*25c* und *d*; *18c* und *d*) sind abgestoßen. — Wird in Fig. 5 die Pedalkoppel *29* herausgezogen, so bewegt sich die Zugstange *24* nach links, der untere Teil der Wippe *22* nach rechts, wodurch die nächste Zugstange *24* die Winkelscheide *30* und den Winkel *27* so weit nach rechts verschiebt, daß der durchschnittene Winkel *27* mit dem an die Abstrakte *6* geleimten Bäckchen *31* in Berührung kommt. Wird jetzt die Pedaltaste *26* getreten, so nimmt das nach links gehende Bäckchen *31* den senkrechten Schenkel des Winkels *27* mit nach links, worauf der wagerechte Schenkel eine Bewegung abwärts machen und das Spielventil *14* des gekoppelten Manualregisters aufziehen muß.

II. Funktion der Manualkoppel und der Pedalkoppel zum ersten und zweiten Manual einer mechanischen Orgel mit Spieltisch.

1. Funktion der Manualkoppel. Durch das Anziehen der Manualkoppel (in unserer Zeichnung Fig. 8 nur angedeutet) wird die Wippenscheide *5* an der Nute *6* aufwärts gezogen, wodurch Stecher *7* an die Taste *1* des ersten Manuals zu stehen kommt. Wird diese Taste gedrückt, so bewegt sich der Stecher *7* abwärts, Wippe *8* hebt die Mutter *9* und die Abstrakte *10*, und diese Bewegung pflanzt sich durch den

Winkel *11* und die Abstrakte *12* unter dem Podium der Pedalklaviatur in die Orgel fort bis zur Windlade des nun miterklingenden zweiten Manuals. Die Untertaste *3* des zweiten Manuals kann ebenfalls nieder-

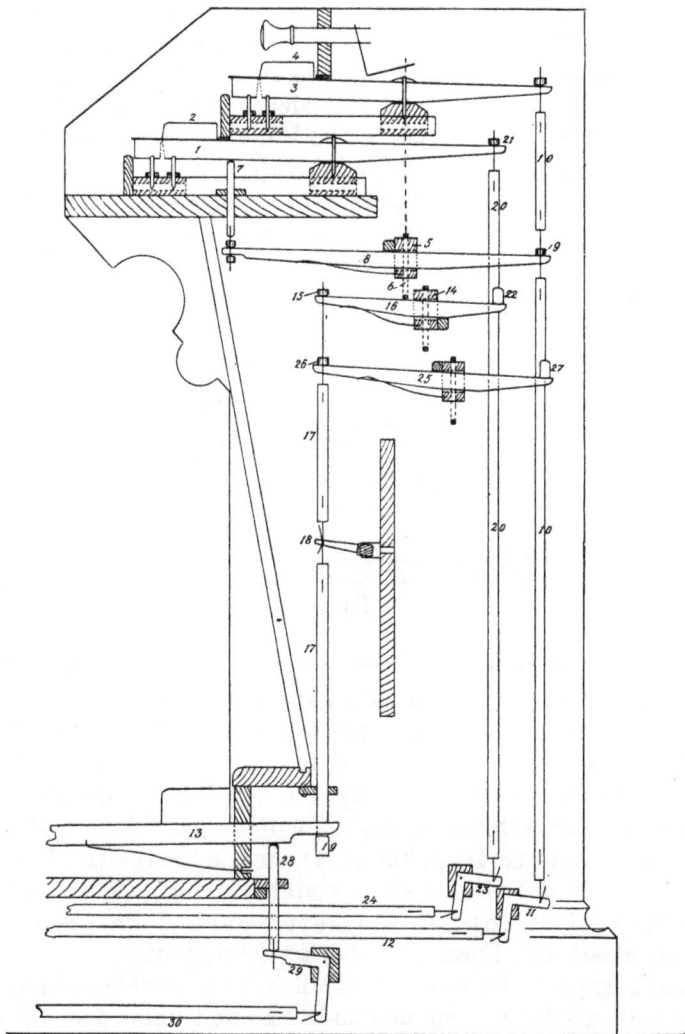

Fig. 8. Manualkoppel. Pedalkoppel zum ersten und zweiten Manual.

gehen, wenn durch die Mutter *9* und die Abstrakte *10* der rechte Hebel-arm der genannten Manualtaste gehoben wird. — Bei der Abkoppe-lung fallen Wippe *8* an der Nute *6* und Stecher *7* abwärts; infolgedessen

berührt die gedrückte Taste *1* des ersten Manuals den Stecher *7* nicht
mehr und die Manualkoppel ist außer Wirksamkeit gesetzt.

2. Funktion der Pedalkoppel zum ersten Manual. Nach
unserer Zeichnung ist gekoppelt. Dadurch wurden die Wippenscheide *14*, die
Wippe *16*, die Abstrakte *17* und das Wellenärmchen *18* in die Höhe gezogen, sodaß das Bäckchen *19* an die Pedaltaste *13* angeschlossen ist. Wird
nun die Pedaltaste *13* getreten, so drückt die Mutter *15* die Wippe *16*
nach abwärts, das Klötzchen *22* aber zieht die Abstrakte *20* in die Höhe
und diese Bewegung pflanzt sich bis zur Windlade des ersten Manuals fort.

3. Die Funktion der Pedalkoppel zum zweiten Manual
ist dieselbe, wie die der Pedalkoppel zum ersten Manual, nur mit
dem Unterschied, daß die verlängerte Wippe *25*, durch die Mutter *26*
abwärts gedrückt, das Bäckchen *27* hebt, wodurch sich die Bewegung
zur Windlade des zweiten Manuals fortpflanzt. — Sind beide Koppeln
abgestoßen, so fallen beide Wippen mit den Muttern *15* und *26*, den Abstrakten *17* und dem Wellenärmchen *18* abwärts, sodaß Bäckchen *19* frei

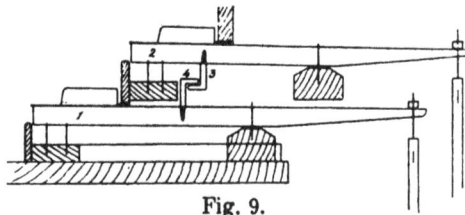

Fig. 9.

wird und die niedergetretene Pedaltaste *13* bloß noch die Pedalmechanik
(Stecher *28*, Winkel *29*, Abstrakte *30* usw.) in Bewegung setzt. — Ist
auch nur eine Pedalkoppel gezogen, so steht durch das Aufwärtsgehen
der betreffenden Wippe (*16* oder *25*) das Bäckchen *19* an der Pedaltaste
an. Bei der nicht gezogenen Koppel, deren Wippe abwärts gesunken
ist, greift aber die betreffende Wippe ihr Bäckchen *22* oder *27* nicht an.

4. Fig. 9 zeigt den Durchschnitt der Klaviatur einer zweimanualigen Orgel, bei welcher sich durch das Anziehen der
Manualkoppel die obere Klaviatur nach vorne schiebt, eine
häufig anzutreffende Form der Manualkoppelung.

Es ist gekoppelt. Dadurch schiebt sich das zweite Manual nach vorne,
und der Haken *3* der Obermanualtaste *2* kommt unter den Haken *4* der
Untermanualtaste *1* zu stehen. Wird letztere gedrückt, so nimmt Haken *4*
den Haken *3* mit und zieht dadurch die Obermanualtaste *2* abwärts.

Unter den mannigfaltigsten Anordnungen des Regierwerkes mechanischer Orgeln dürften die vorgeführten Beispiele mit zu den einfachsten zählen.

Vierter Abschnitt.

Die pneumatische Orgel (Röhrenpneumatik mit Kegelladen).

Die Traktur und Registratur der mechanischen Orgel mit ihren Stechern, Abstrakten, Wippen, Winkeln und Wellen ist auch bei sorgfältigster Ausführung vielfach den Einflüssen der Witterung und anderen Störungen ausgesetzt, so daß ein solches Werk nicht selten mangelhaft arbeitet und des öfteren Reparaturen erfordert, während die Spielart vieler größerer mechanischen Werke übergroße Anforderungen an die physische Kraft des Organisten stellt. Um diese Übelstände zu beseitigen, kam man, wie bereits Seite 7 bemerkt, auf den Gedanken, einerseits die Elektrizität (elektrische Orgeln), anderseits die Kraft des Orgelwindes selbst, die Pneumatik (vom griechischen Pneuma, der Atem), zur Bewegung der Mechanik zu gebrauchen. Dieser Orgelwind wird durch enge Röhren vom Spieltisch aus in einen gewöhnlich an oder unter der Windlade angebrachten Spielapparat (siehe später) getrieben. Von diesem aus stellt die Luft selbst die Verbindung von Spieltisch und Windlade her. Die vielen Zwischenglieder der mechanischen Orgelwerke fallen jetzt weg. Bei wechselnder Temperatur beeinflußte deren Mechanismus, wie bereits bemerkt, die Klaviatur, indem dieselbe bei trockener Jahreszeit oft so weit sank, daß die Ventile nicht mehr ganz durch den Tastendruck geöffnet werden konnten, wodurch häufig große Verstimmung hervorgerufen wurde, während bei feuchter Witterung die Klaviatur so hoch stieg, daß nicht selten Töne von selbst ansprachen. Diese Übelstände sind bei der Röhrenpneumatik nahezu ausgeschlossen, da die Tasten mit keinem Gliede mehr in direkter Verbindung stehen und jetzt nur den Zweck haben, ein kleines Ventil zu heben, das die Luft durch die Röhren bis zur Windlade leitet. Auch die Registratur und Kopplungen werden durch Luftdruck in Bewegung gesetzt. Die Vorzüge der pneumatischen Orgel siehe Seite 35 und 36.

Bei den in neuerer Zeit gebauten Orgeln begegnen wir vielfach den verschiedensten Systemen der Röhrenpneumatik mit Kegelladen, weshalb diese Art der Pneumatik eine kurze Besprechung erfahren möge (Fig. 10a und b).

Erklärung. Wird in Fig. 10a die Taste *1* niedergedrückt, so wird das Flachventil *4* der Manualspiellade *5* gehoben, weil die Tastenfeder *2*

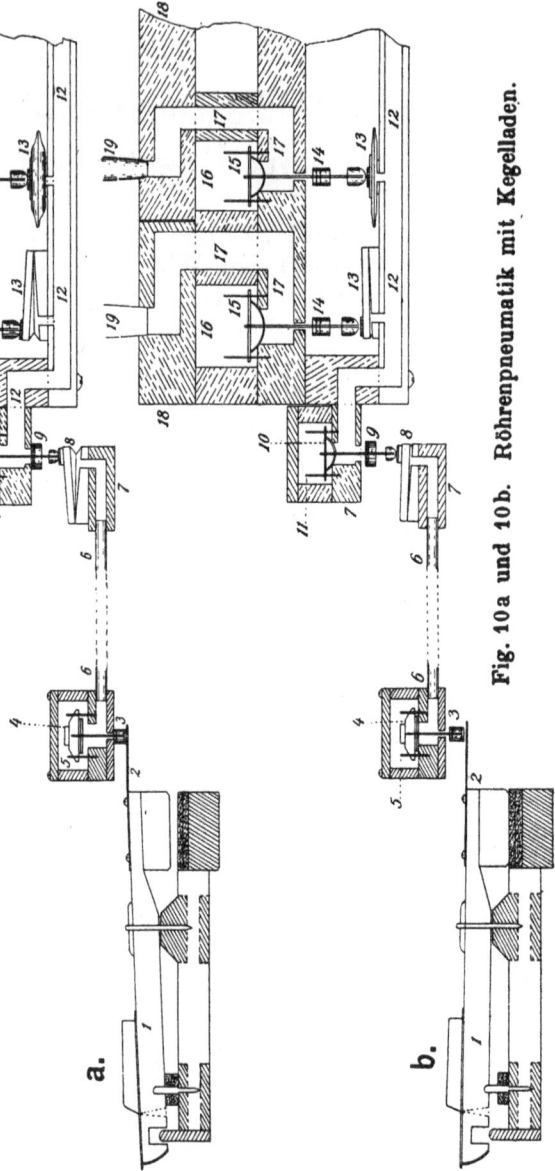

Fig. 10a und 10b. Röhrenpneumatik mit Kegelladen.

Das von der Firma Steinmeyer in Öttingen seinerzeit angewandte einfache System im Durchschnitt.

1 Taste, *2* Tastenfeder, *3* Abschlußklötzchen des Flachventils *4*, *5* Klaviaturspielkästchen oder Manualspielade, *6—6* Rohrleitung, *7* Spielapparat (Relais), *8* Relaisbälgchen, *9* Abschlußklötzchen des Kegelventils *10*, *11* Windkammer des Relais, *12* Kondukte, *13* Konduktenbälgchen resp. Tasche, *14* Abschlußklötzchen, *15* Kegelventil, *16* Registerkanzelle, *17* Bohrung, *18* Pfeifenstock, *19* Pfeifenfuß.

das Abschlußklötzchen *3* des Flachventils *4* an das Klaviaturspielkästchen *5* drückt, das fortwährend mit Wind (Spielwind) aus dem Hauptgebläse gefüllt ist. Durch die Rohrleitung *6—6* — dieselbe kann bis zu 20 m lang sein — strömmt der Wind, weil er wegen des angedrückten Abschlußklötzchens nicht nach unten kann, zu dem, Relais oder Windsteuerung genannten Spielapparat *7* und hebt dort das Relaisbälgchen *8*, welches das Abschlußklötzchen *9* des Kegelventils *10* an das Relais andrückt und zugleich das Kegelventil *10* hebt. Der ebenfalls aus dem Hauptgebläse kommende Wind der Windkammer *11* des Spielrelais, dessen Weg nach unten ebenfalls durch das angedrückte Abschlußklötzchen *9* versperrt ist, strömt nun durch die Kondukte (Bohrung, Windführung) *12* in das Konduktenbälgchen bzw. Täschchen *13* und hebt dieses. Das Abschlußklötzchen *14* wird an die Registerkanzelle *16* angedrückt und zugleich das Kegelventil *15* gehoben, sodaß, der selbstverständlich ebenfalls aus dem Hauptgebläse kommende sog. Pfeifenwind der Registerkanzelle *16* durch die Bohrung *17*, welche auch durch den Pfeifenstock *18* geht, zum Pfeifenfuß *19* und damit zur Pfeife gelangen kann.

Wird die Taste *1* in Fig. 10b aufgelassen, so sinken sämtliche Ventile (*4, 10, 15*) durch ihr eigenes Gewicht auf ihre Unterlage, weil der in den Bälgchen, Röhren, Kondukten und Bohrungen enthaltene Wind bei den Abschlußklötzchen (*3, 9, 14*), die sich ebenfalls abwärts bewegen und infolgedessen nicht mehr decken können, entweicht, welcher Vorgang Entlastung genannt wird (über Entlastung siehe die rein pneumatische Windlade des nächsten Abschnittes). Gleichzeitig versperren die aufsitzenden Ventile dem Spiel- und Pfeifenwind den Weg zu den Röhren, Bälgchen, Kondukten und Bohrungen, weshalb die Pfeife verstummt.

Bemerkung. Da immerhin ein allerdings sehr kleiner Bruchteil einer Sekunde zwischen dem Niederdruck der Taste und dem Ertönen der Pfeife verstreicht, so haben die meisten Orgelbauer dieses System verlassen.

Fünfter Abschnitt.

Die pneumatisch spiel- und registrierbare Orgel (rein pneumatische Windlade).

Bei einem solchen Werke übernimmt der Orgelwind mit Hilfe kleiner Bälge, Taschen und Membranen die gesamten Funktionen der Traktur und Registratur. Diese Bälge, Taschen und Membranen werden vom Winde aufgeblasen oder durch Federkraft im Innern angedrückt. Im entgegengesetzten Falle drückt der Wind die Bälge usw. nieder oder sie klappen infolge der Schwere ihrer Deckel zusammen, wenn durch eine Ausflußöffnung Entlastung eintritt, d. h. wenn die genannten Bälge den noch in ihnen enthaltenen Wind an die äußere Luft abgeben können.

1. Die pneumatische Windlade mit der Manualspiellade und dem Spielapparat. Funktion derselben.

Unter den vielen hierher gehörigen Systemen hat sich die gegenwärtig in Süddeutschland fast allgemein angewandte pneumatische Windlade mit Verwendung des Witzigschen[1]) Taschenventils hinsichtlich ihrer praktischen Konstruktion, verblüffenden Einfachheit und dadurch garantierten Sicherheit, auch durch ihre Dauerhaftigkeit und präzise, ruhige Funktion seit einigen Jahren vorzüglich bewährt, weshalb wir dieselbe unserer Betrachtung der pneumatischen Orgel zugrunde legen wollen, und zwar in der Ausführung und Anwendung von Steinmeyer & Co. in Öttingen (Fig. 11a und b).

Die Funktion der Manualspiellade gleicht jener in Fig. 10 (Röhrenpneumatik mit Kegelladen).

Erklärung. Angenommen, es wird keine Taste in Bewegung gesetzt (Fig. 11a), so sitzt Ventil 9 des Spielapparates 7 auf der Ausstromöffnung 10 und läßt durch Einstromöffnung 11 aus der stets mit Wind vom Hauptgebläse gefüllten Windkanzelle 12 des Relais Wind in den Konduktenkanal 13 einströmen, worauf sofort sämtliche auf der Kondukte angebrachten Taschen 14 mit Luft gefüllt werden. Dadurch werden die auf den Taschen angebrachten Ventile 15, welche ohnhin schon durch Federdruck (diese Taschen enthalten im Innern leichte

---

[1]) Witzig, der Erfinder der sog. Taschenlade, ein Lehrerssohn aus Buxach bei Memmingen, ist vor mehreren Jahren gestorben.

Durchschnitt durch die Manualspiellade, durch den Spielapparat (Relais) und durch die eigentliche Windlade.

1 Taste, *2* Tastenfeder, *3* Abschlußklötzchen, *4* Flachventil, *5* Klaviaturspielkästchen oder Spiellade, *6—6* Rohrleitung, *7* Relais, *8* Membrane, *9* Ventil, *10* Ausströmöffnung, *11* Ein- strömöffnung, *12* Windkanzelle des Relais, *13* Konduktenkanal, *14* Tasche, *15* Taschenventil, *16* Pfeifenkondukte, *17* Register- kanzelle, *18* Bohrung durch den Pfeifenstock, *19* Pfeifenfuß.

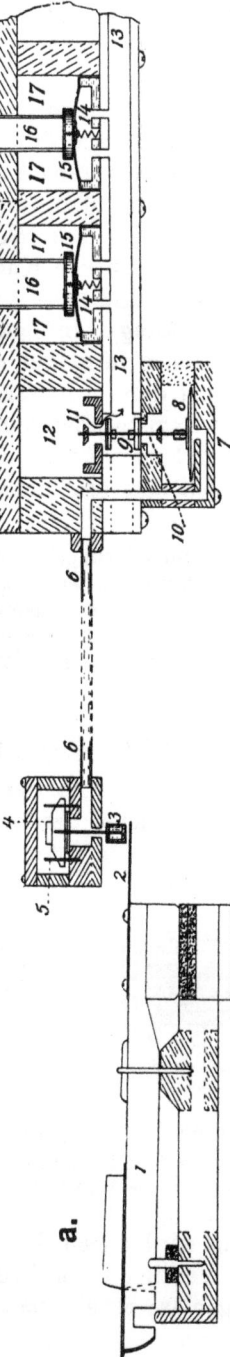

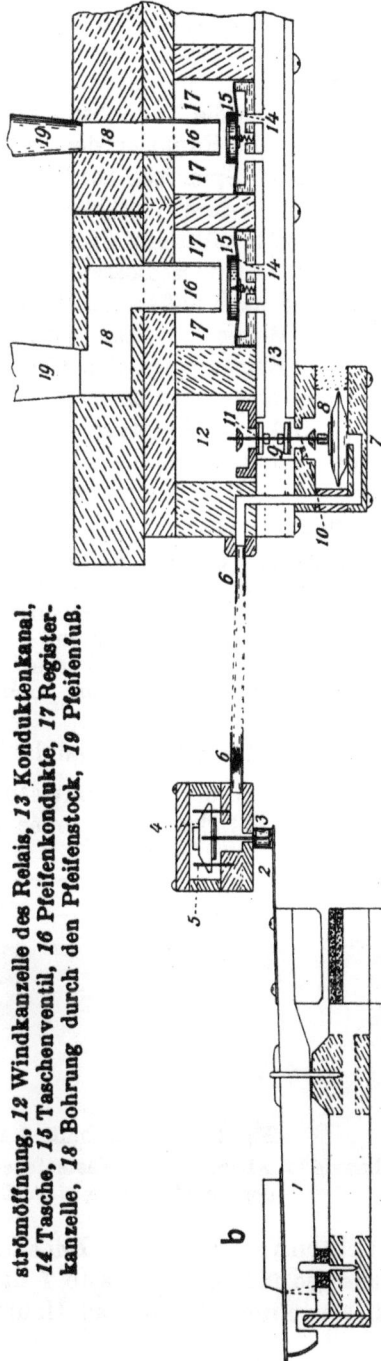

Fig. 11a und 11b. Die pneumatisch spiel- und registrierbare Orgel.

Metallspiralen) an den Pfeifenkondukten *16* anstehen, noch fester
an dieselben angedrückt und die Öffnungen zu den Pfeifen hermetisch
abgeschlossen.

Wird dagegen die Taste *1* in Fig. 11b gedrückt, so strömt nach dem
in Fig. 10 über die Funktion der Spiellade Gesagten durch die Röhren-
leitung *6—6* vom Spieltisch her Wind in die Membrane *8* des Spielapparates *7* und drückt durch Aufblähen der genannten Membrane das Ventil *9*
gegen die Einströmöffnung *11*, wodurch der von der Windkanzelle *12*
kommende Wind abgeschlossen und der noch in der Kondukte *13* befindliche Wind nach außen durch Öffnung *10* und das an verschiedenen
Seiten offene Relais *7* entleert wird (Entlastung). Infolgedessen drückt
der Wind der Registerkanzellen *17* die Taschen *14* nieder, vorausgesetzt,
daß die Register gezogen sind — denn erst dann erhalten die Registerkanzellen Wind vom Hauptgebläse (siehe Registerpneumatik Fig. 14), —
so daß der Wind durch die Pfeifenkondukten *16* und die Bohrungen
der Pfeifenstöcke *18* zu den Pfeifen *19* gelangen und dieselben zum Ertönen bringen kann.

Bemerkung. Um auf weitere Entfernungen möglichste Präzision erzielen zu können, schaltet man Zwischenspielapparate ein, sog. Stationen,
welche den Zweck haben, eine Verteilung der Rohre für mehrere zusammenge-
hörige Windladen zu ermöglichen und letztere mit frischem Wind zu versehen.
Die Stationen sind in der Konstruktion den Spielwindladen ähnlich und
erhalten ihren Wind direkt vom Gebläse.

2. Die Funktion der Pedalklaviatur und der Registerzüge.

Die Funktion der Pedalklaviatur (Fig. 12) und der Registerzüge
(Fig. 13a und 13b) gleicht im großen Ganzen jener der Manualspiellade.

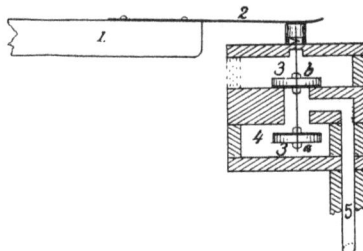

Fig. 12. Durchschnitt durch die Pedalspiellade.

1 Pedalklavis, *2* Abdruckfeder (Tastenfeder), *3a* und *b* Ventile, *4* Windbehälter
der Pedalspiellade, *5* Ausflußrohr zur Windlade.

Erklärung. In unserer Zeichnung wird durch die Tastenfeder *2*
der niedergedrückten Pedaltaste *1* das Ventil *3a* der Pedalspiellade *4*,
welche fortwährend Wind vom Hauptgebläse erhält, nach abwärts ge-

drückt, während Ventil *3b* den Windbehälter *4* luftdicht abschließt. Der
Spielwind geht hierauf durch Röhre *5* zur Windlade. Der weitere Verlauf
ist in Fig. 11 geschildert. Wird die Taste losgelassen, so schließt das aufwärtsgehende Ventil *3a* die Pedalspiellade *4* luftdicht ab, Ventil *3b* wird
ebenfalls gehoben und läßt den Wind ins Freie entweichen (Entlastung).

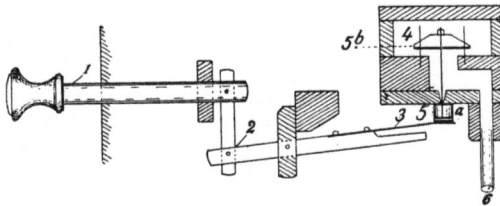

Fig. 13a. Durchschnitte durch die Spielwindlade eines Registerzuges.
Das Register ist gezogen.

1 Registerzug, *2* Registerwinkel, *3* Abdruckfeder, *4* Spielwindlade des Registerzuges, *5a* Abschlußmutter, *5b* Ventil, *6* Ausflußrohr zur Windlade.

Erklärung. Durch den Registerwinkel *2* des gezogenen Registerzuges *1* wird die Abschlußfeder *3* an die Abschlußmutter *5a* des
Ventils *5b* gedrückt, wodurch die beiden letztgenannten Teile gehoben
werden. Nun kann der Wind in der Spiellade *4* durch das Ausflußrohr *6* zur Registerwindlade.

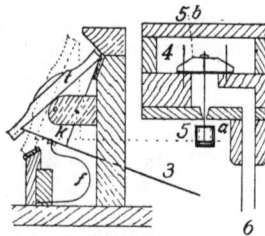

Fig. 13b. Durchschnitt durch die Spielwindlade einer Registertaste. Letztere
ist nicht gedrückt, das Register also nicht gezogen.

Fig. 13b zeigt statt des Registerzuges eine Registertaste, wie
solche jetzt fast allgemein zur Anwendung kommen (vgl. Fig. 16).
Die Taste *t* ist nicht gedrückt und dementsprechend auch das Ventil *5b*
der Spiellade geschlossen. Die Taste mit dem Registerplättchen liegt
auf dem Tastenklötzchen *k*, an welchem die Druckfeder *3* befestigt ist.
Durch die Stellfeder *f*, welche in einem wagbalkenähnlichen Einschnitt
beweglich sitzt, wird die Taste in ruhender und gedrückter Stellung festgehalten. Wird die Registertaste gedrückt (punktierte Linien), so wird die
Abschlußmutter *5a* gehoben und der weitere Verlauf ist der wie in
Fig. 13a.

Wie der aus dem Ausflußrohr *6* zur Windlade gehende Wind dort
wirkt, zeigt

3. Die Registerpneumatik im Windladenkanal (Funktion der Register, Registratur). Fig. 14.

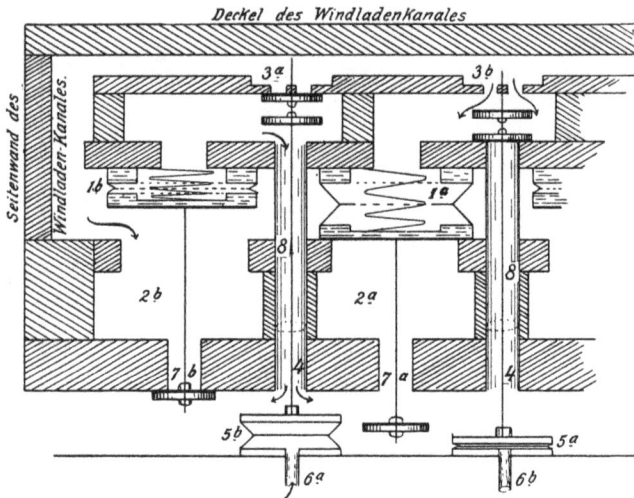

Fig. 14. Schnitt durch die Registerventile. (Die Registerpneumatik ist im Windladenkanal untergebracht.)

1a und *1b* Registerbälge; *1a* in ruhendem Zustande, die Registerkanzelle (*2a*) abschließend — das Register ist also nicht gezogen, — *1b* in geöffnetem Zustande,
Wind in die Registerkanzelle hineinlassend — das Register ist gezogen. *2a* und *2b*
Registerkanzellen; *2a* leer, *2b* gefüllt. *3a* und *3b* Einströmöffnungen in den Register-
balg, vom Windladenkanal Luft erhaltend. *4* Öffnung zum Entleeren des Register-
balges. *5a* Balg zum Heben des Einstromventils in geschlossenem Zustande, *5b* geöffnet. *6a* und *6b* Rohrleitung vom Spieltisch. *7a* und *7b* Sicherheitsventile für
die Registerkanzellen, und zwar kann bei *7a* sich etwa ansammelnder Wind aus
der Kanzelle *2a* entleert werden. *7b* Sicherheitsventil, abschließend bei geöffnetem
Register. *8* Ausstromrohre.

Erklärung. Angenommen, das Gebläse ist in Betrieb gesetzt,
aber es ist kein Register gezogen, so füllt sich sowohl der Kanal, welcher
dem Spieltisch Wind zuführt, als auch der Windladen- oder Registerkanal, welcher auf der Windlade liegt und die Registerpneumatik birgt.
Weil kein Register gezogen ist, strömt der Wind durch Öffnung *3b*
in den Balg *1a*, der infolgedessen mit seiner beanlederten Unterplatte
die Registerkanzelle *2a* deckt und abschließt. Zieht man ein Register,
so strömt vom Spieltisch aus Wind durch das Rohr *6a* in das Register-
bälgchen *5b*, hebt dieses und zugleich das Ventil *3a*. Dadurch wird die

Windzufuhr zum Balg *1b* abgeschnitten; aus demselben wird der Wind durch das Ausströmrohr *8* entleert (Entlastung), sodaß der im Windladenkanal befindliche Wind die Falten des Balges *1b* zusammenpreßt, wodurch die Unterplatte dieses Balges in die Höhe gezogen wird. Sofort strömt Wind in die Registerkanzelle *2b*. Das Sicherheitsventil *7b*, welches mit dem Balg *1b* in Zusammenhang steht, schließt gleichzeitig die Ausströmöffnung unter der Registerkanzelle *2b* ab. Wird nun eine Manual- oder Pedaltaste des Spieltisches niedergedrückt, so spielt sich in der Registerkanzelle *2b* jener Vorgang ab, welcher bei Erklärung der Fig. 11 zuletzt geschildert wurde.

4. Funktion der Manualkoppel.

Schnitt durch die Spielwindladen der beiden Manuale.

1a Spielwindlade des ersten Manuals, *1b* Spielwindlade des zweiten Manuals, *2* Schleife, ähnlich den Schleifen der alten Schleiflade, nur mit dem Unterschiede, daß diese Schleifen eine Breite von kaum 2 mm besitzen, so daß sie von der Temperatureinwirkung nahezu gar nicht beeinflußt sind. *3* Ventilbacken, *4* Abschlußventil, *6a* und *6b* Ausflußrohr zur Windlade.

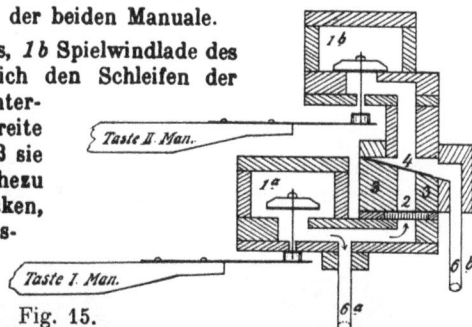

Fig. 15.

Erklärung. Bei niedergedrückter Taste des ersten Manuals strömt der Wind nach dem bereits Gehörten zunächst durch das Ausflußrohr *6a*. Ist aber eine Manualkoppel angebracht, so geht der Wind noch weiter bis unter die Schleife *2*, welche sämtliche nach aufwärts durch die Ventillagerbacken *3* führenden Öffnungen abschließt bzw. verdeckt, wenn die Manualkoppel nicht gezogen ist. Wird nun die Manualkoppel gezogen, so schiebt sich die Schleife *2*, ein schmales, schwaches, von 54 länglichen, den 54 Tasten entsprechenden Öffnungen durchbrochenes Holzstück, welches sich in einer Bahn bewegt und abschließend und öffnend wirkt, so weit vorwärts, bis sich die Öffnungen der Schleife mit denen der Ventillagerbacken decken. Dadurch kann der Wind, nachdem er das auf dem Ventillagerbacken *3* liegende Lederventil *4* von der Form einer schmalen Zunge in die Höhe gedrückt und ein Ausströmen nach oben durch Andruck dieses Lederventils verhindert hat, in das Ausflußrohr *6b* des zweiten Manuals und damit auch zur Windlade des zweiten Manuals. Spielt man auf dem zweiten Manual, so verhindert dieses Lederventil das Eindringen des Windes vom zweiten in die Ausflußröhre *6a* des ersten Manuals, weil es von dem erstgenannten Spielwind auf den Ventillagerbacken *3* gepreßt wird.

5. Die Pedalkoppel.

Die Pedalkoppel ist nach demselben Prinzip eingerichtet.

6. Zusammenfassung.

Die Luft des Gebläses geht durch die verschiedenen Kanäle zu den Windladen und zum Spieltisch. Bei den ersteren füllt sie die sog. Windkanzelle *12* in Fig. 11, sowie den über der Windlade liegenden sog. Registerkanal, in welchem sich die Registerpneumatik (Fig. 14) befindet. Beim Spieltisch werden die Spielladen *5* (Fig. 11) mit Wind gefüllt. Durch Tastendruck oder Druck des Registerzuges werden die in den Spiellädchen befindlichen Ventile geöffnet und lassen den Wind durch die entsprechenden Ausflußrohre nach dem Spielapparat (Relais) 7 (Fig. 11) entweichen. Der weitere Verlauf bis zum Ertönen der Pfeife des Registers ist in der Erklärung zu Fig. 11 geschildert.

7. Der Spieltisch der pneumatischen Orgel.

Nachdem wir die einzelnen Teile der pneumatischen Orgel betrachtet haben, wollen wir uns schließlich den Spieltisch derselben ansehen (Fig 16).

Fig. 16. Spieltisch einer pneumatischen Orgel.

Der Spieltisch der pneumatischen Orgel (Fig. 16) enthält die Manual-
und Pedalklaviatur, die Registerzüge, die Manual- und Pedalkoppeln,
Sub- und Superoktavkoppeln (hier in der Form von schräg nebeneinander liegenden tastenartigen Drückern — Fig. 13b), die freien Kombinationen (rechts und links der Klaviaturen), die Kollektivdruck-
knöpfe (unter dem ersten Manual), den Rollschweller (über dem Pedal),
den Schwelltritt zum Echowerk (rechts vom Rollschweller). Die Zeigervorrichtung über der freien Kombination rechts, der sog. Windzeiger,
gibt dem Organisten an, ob und inwieweit das Gebläse mit Wind gefüllt ist; die Zeigervorrichtung über der freien Kombination links, der
sog. Rollschwellenanzeiger, läßt erkennen, wie viele Register durch den
Rollschweller jeweils in Aktion gesetzt sind. Doch sind die zuletzt genannten, Seite 96ff. ausführlicher besprochenen Teile in der Regel
nur bei größeren Werken zu finden. Selbstverständlich können die
Registerzüge ebensogut links und rechts der Manuale und die Kombinationen über denselben angelegt werden.

8. Die Vorzüge der pneumatisch spiel- und registrierbaren Orgel vor der mechanischen.

Wie wir im vorigen Kapitel gesehen haben, muß bei der pneumatisch
spiel- und registrierbaren Orgel der Wind fast alle Arbeit verrichten,
welche nötig ist, um nach dem Willen des Spielers die Pfeifen erklingen
zu lassen, während die mechanische Orgel zu dieser Tätigkeit ein Heer
von Abstrakten, Hebeln, Winkeln, Wellen, Wippen, Drähten, Muttern usw.
bedarf. — Indem sich die komprimierte Luft eines pneumatischen
Werkes gleich Ästen und Zweigen in der Orgel verteilt, setzt sie auf
ihrem Wege Hunderte von größeren und kleineren Ventilen mit blitz-
artiger Tätigkeit in Bewegung und nimmt dadurch im Gegensatz zur
mechanischen Orgel den Fingern des Spielers einen großen Teil der Kraft-
leistung, dem Mechanismus einen größeren oder kleineren Teil seiner
Glieder ab. Eine minimale Tätigkeit des Organisten, dem Telegraphieren
vergleichbar, zwingt den Orgelwind, außer der oben genannten Arbeit
auch noch das Registrieren, das Koppeln, das Kombinieren der verschiedensten Register u. a. mit unglaublicher Sicherheit und Schnelligkeit
auszuführen. Bei einer guten pneumatischen Orgel merkt man zwischen
dem Niederdruck der Tasten, der sich mit der Spielart eines modernen
Flügels vergleichen läßt, bis zum Ertönen der Pfeifen nicht den geringsten
Zeitunterschied, mag die Orgel ein oder hundert Register haben, mag mit
oder ohne Koppelung gespielt werden. Und wie die Natur die edelsten
Organe im menschlichen Körper mit besonderer Sorgfalt eingehüllt hat,
so finden wir auch in der pneumatischen Orgel die wichtigsten Teile

derselben gut geborgen, weshalb dort ein Einfluß der Witterung, Staub-
anhäufung, das Eindringen fremder Körper, wie Insekten und Vögel,
nahezu ausgeschlossen ist, sodaß erst bei der pneumatischen Orgel,
solide Arbeit und tadelloses Material vorausgesetzt, eine wirkliche
Dauerhaftigkeit des Werkes garantiert werden kann. Alle Funktionen
der pneumatischen Orgel sind geräuschlos und präzis. An eine merkliche
Abnutzung der nur einige Millimeter sich auf- und abwärts bewegenden
Ventile ist überhaupt nicht zu denken, und wenn sie milliardenmal
tätig sein sollten, weil ihre Bewegung eine äußerst geringe, ihre Ver-
wahrung in der Windlade die denkbar sicherste ist. Kein Klappern,
Schlagen, Schleifen oder Zwängen ist mehr hörbar. Das Spiel geht
leicht, rasch und ruhig vor sich. Die Arbeit des Registrierens ist bequem. Bei der Koppelung jeder Art ist eine äußere Einwirkung, z. B.
ein Niedergang der gekoppelten Tasten weder zu sehen noch zu verspüren.
Die Annahme, daß häufiges Spiel der Orgel schade, trifft bei Anwendung
der Pneumatik in keiner Weise zu. Die Stimmung und Intonation
eines pneumatischen Werkes bleibt im Gegenteil viel konstanter und
reiner, wenn durch fleißiges Spiel das Ansammeln von Staub in den
Pfeifen, an den Kernspalten und Stimmschlitzen usw. vereitelt wird.
— Erst die Pneumatik ermöglicht es dem Organisten, sein Instrument
ganz auszunützen und mit Hilfe der Druckknöpfe, der freien und festen
Kombinationen, der Handregistrierungen, des Echo- und Fernwerkes
(siehe Seite 96ff.) Klangwirkungen zu erzielen, wie auch die best-
disponierten mechanischen Orgeln sie nicht zulassen. Dazu kommt
noch, daß der Spieltisch unserer modernen Orgel ohne Rücksicht auf
das eigentliche Werk an jedem beliebigen Punkt der Orgel oder Orgelempore, den Raumverhältnissen entsprechend, angebracht werden kann,
weil sich die den Spieltisch mit der Orgel verbindenden Rohre leicht
nach jeder beliebigen Stelle in Krümmungen und Winkeln führen lassen
und eine Länge der Rohrleitung bis über 20 m die tadellose Funktion der
pneumatischen Konstruktion keineswegs beeinträchtigt. Diese Vorzüge
der pneumatischen Orgel gegenüber der alten mechanischen bestimmen
in neuerer Zeit viele Kirchengemeinden, wenn auch keinen Neubau, so
doch einen Umbau ihrer veralteten, zum Teil mangelhaften mechanischen Orgeln vornehmen zu lassen.

Sechster Abschnitt.

Die elektrische Orgel.

Bem.: Das Geschichtliche dieses Abschnittes siehe Seite 7 und 8.

A. Die elektropneumatische Orgel.

Wie sich die moderne Orgelbaukunst den elektrischen Strom in der Orgel dienstbar macht, möge das System der Firma Friedrich Weigle-Echterdingen zeigen (Fig. 17a und 17b).

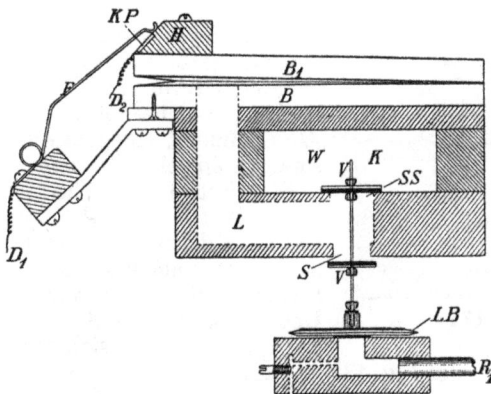

Fig. 17 a.

Erklärung.

Weigle verbindet sein rein pneumatisches System mit dem elektrischen. Zu diesem Zwecke wird in den rein pneumatischen Spieltisch noch die elektropneumatische Maschine (Fig. 17a) eingebaut. Wird nun z. B. eine Taste des ersten Manuals gedrückt (Fig. 15), so strömt der Wind, wie wir bereits gehört haben, in die Röhre 6 der Fig. 15, welche in direkter Verbindung mit der Röhre R_1 in Fig. 17a steht, und hebt das kleine Lederbälgchen LB und damit das Doppelventil V. Dadurch wird die Abflußöffnung S geschlossen und zugleich die Zuflußöffnung SS aufgemacht. Nun kann der Wind aus dem fortwährend mit Orgelwind versehenen Windkästchen WK durch die Öffnung SS in den Raum L und von hier aus weiter in das Keilbälgchen BB_1 gelangen, wodurch sich die Oberplatte B_1 dieses Bälgchens um ca. $\frac{1}{2}$ cm hebt. Dadurch gelangt die Spitze der Feder F auf die Kupferplatte KP, während die Spitze der Feder beim Zusein des Bälgchens auf dem Hartholz H ruht. Am Ende der Feder F ist der eine Draht D_1, an der Kupferplatte KP der andere Draht D_2 angeschlossen. Die elektropneumatische Maschine 17a hat den großen Vorzug, daß sie nicht nur sehr rasch arbeitet, sondern auch

die Oberplatte B_1 des Keilbälgchens mit großer Kraft hebt, weshalb die
Feder F sehr stark auf das Holz H bzw. die Kupferplatte KP drücken darf.
Durch die starke Reibung der Feder F auf der Kupferplatte KP wird dort
jeder Staub und Unrat, welcher sich mit der Zeit ansammeln könnte, weg-
gekratzt, so daß immer eine blanke Metall-
oberfläche vorhanden ist, weshalb Störungen
im Kontaktgeben so gut wie ausgeschlossen
sind.

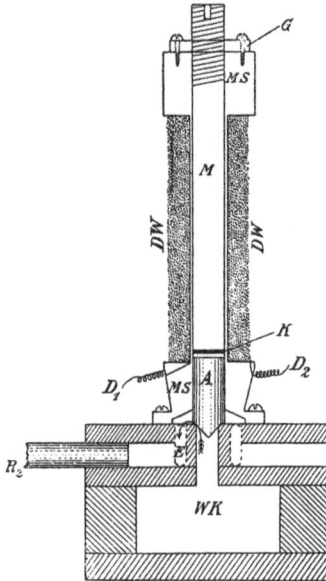

Der Draht D_1 in Fig. 17a steht nun in
direkter Verbindung (beliebige Entfernung)
mit dem Draht D_1 von Fig. 17b. Der Draht
D_2 in Fig. 17a führt zuerst zur elektrischen
Batterie oder zur Dynamomaschine und geht
von da aus zum Draht D_2 in Fig. 17b. Wird
nun der elektrische Stromkreis hergestellt
durch Heben des Keilbälgchens BB_1 in
Fig. 17a, was, wie bereits vorhin bemerkt,
die Verbindung von F mit KP zur Folge
hat, so geht der Strom durch die Draht-
windung DW in Fig. 17b, wodurch der Eisenkern M, welcher sich in der Magnetspule
MS befindet, magnetisch wird und den
Anker A anzieht. Zu bemerken ist noch, daß
sich zwischen dem Eisenkern M und dem
Anker A ein dünnes Korkplättchen K befindet, welches das Hängenbleiben des Ankers A an dem Eisenkern M nach erfolgter
Stromunterbrechung verhindert. Durch das
Heben des Ankers A um ca. 1 mm strömt
der Wind, welcher sich fortwährend in dem

Fig. 17 b.

Windkästchen WK der Fig. 17b befindet, durch das ovale Löchlein E (siehe
den Pfeil) in die Röhre R_2 und von da aus in den Fig. 11a oder 11b ersicht-
lichen Raum 7 und setzt damit die Pneumatik in Tätigkeit, welche bereits
Seite 28 und 30 erklärt wurde.

Die elektrische Orgel ermöglicht auch die Anbringung eines fahrbaren Spieltisches. Bei einem solchen Werk wird ungeachtet der
Entfernung des Spieltisches von demselben höchste Präzision in der
Ansprache erreicht. Auch ist die Möglichkeit gegeben, den Spieltisch
je nach Anlage der Orgel beliebig zu plazieren und für
Konzertwerke fahrbar (verstellbar) einzurichten. Es kann also der
Organist bei Aufführungen größeren Stiles mit Orchester mitten in demselben sitzen und dadurch die Registrierung der Orgel diesem genauest
anpassen, ein Vorzug, der nicht hoch genug angeschlagen werden kann.

Die Kopplungen und sonstigen Spielhilfen wurden also früher
pneumatisch betätigt. Diese Halbheit wurde jedoch bald aufgegeben
und es wurden später ausschließlich elektrische Spieltische
gebaut, die allmählich einen hohen Grad der Vollkommenheit er-
reichten. Freilich waren immer noch manche Schwierigkeiten zu über—

winden und bei diesen stand im Vordergrund die Kontaktfrage, die nun in der Hauptsache gelöst sein dürfte.

Der Kontakt dient bei niedergedrückter Taste zum Schließen des Stromkreises; wird der Tastendruck aufgehoben, so öffnet sich derselbe wieder. Man unterscheidet verschiedene Arten von Kontakten, wie z. B. Berührungskontakte, Quecksilberkontakte, Schleifkontakte. Der Berührungskontakt war früher der am häufigsten vorkommende. Die Schließung des Stromkreises wurde durch Berühren zweier Metallplättchen, Metalldrähte oder galvanische Kohlen u. dgl. bewirkt, sobald die Taste gedrückt wurde. Es soll hier eingeschaltet sein, daß Edelmetalle (Gold, Silber, Platin) die besten Kontakte geben, da selbe weniger der Oxydation und der Verbrennung durch den naturgemäß entstehenden Öffnungsfunken ausgesetzt sind. Solche Edelmetalle sind jedoch so hoch im Preis, daß die Verwendung solcher heutzutage nahezu ausgeschlossen erscheint. Der Berührungskontakt hat sich jedoch auf die Dauer nicht bewährt, er gab mit der Zeit zu mancherlei Störungen Anlaß, wie er auch bezüglich einer geräuschlosen Spielart manches zu wünschen übrig ließ. Auch der Quecksilberkontakt entsprach nicht den Erwartungen. Im nachstehenden soll er kurz beschrieben sein. Auf dem hinteren Ende der Taste liegt eine gefederte Wippe, an deren rückwärtigem Teil ein nach unten ragender Metallstift angebracht ist, welcher in eine kleine mit Quecksilber gefüllte Hülse beim Tastendruck eingetaucht, wodurch der Stromkreis geschlossen wird. Es ist nun nicht zu leugnen, daß diese Art der Kontaktgebung eine sehr ruhige ist, aber sie ist nicht absolut zuverlässig, da bei nicht hermetisch verschlossener Hülse auf der Oberfläche des Quecksilbers sich eine leichte Oxydationsschicht bildet, die auf die Funktion störend einwirkt. Für fahrbare Spieltische ist der Quecksilberkontakt niemals verwendbar, da bei der geringsten Bewegung das Quecksilber aus den Hülsen springt und dann ein Kontakt nicht mehr möglich ist.

Die vielen Versuche, die mit den verschiedenen Arten von Kontakten gemacht wurden, haben gelehrt, daß ein Schleifkontakt, wenn er entsprechend konstruiert und von zweckmäßigem Material erstellt ist, der Kontakt der Zukunft sein wird. Wie schon der Name sagt, geschieht das Schließen des Stromkreises durch ein beim Tastendruck verursachtes Reiben zweier Flächen oder Drähte aufeinander. Metall auf Metall, auch Metall auf galvanischer Kohle. Daß durch eine derartige Reibung stets eine blanke Reibfläche erzeugt und dadurch auch eine sichere Funktion gewährleistet wird, liegt auf der Hand. Für genügende Federung ist hiebei Sorge zu tragen. Weniger bekannt ist noch der Rollenkontakt, der von Steinmeyer mit Erfolg für die Registratur angewendet wird.

B. Die elektrisch spiel- und registrierbare Orgel.
(Elektrische Orgel.)

Einen Hauptbestandteil der **elektrischen Orgel** bildet das elektrische bzw. elektro-pneumatische Relais (Windsteuerung). S't e i n m e y e r brachte bei mehreren Orgeln (Konservatorium Frankfurt a. M., Mathildensaal München, Lutherkirche Offenbach, Schützenhaussaal Meiningen) sein System zur Anwendung, bei welchem der Elektromagnet direkt auf das Ventil des Relais wirkt und ist die Funktion desselben eine vollkommen einwandfreie, nur ist der Stromverbrauch hiebei ein verhältnismäßig großer. Fast überall, auch bei Steinmeyer, ist heute das elektro-pneumatische Relais anzutreffen, bei welchem der Elektromagnet nur ein leichtes, regulierbares, mit sehr geringer Bewegung ausgestattetes Ventil zu heben hat. Dieses, ein liegendes oder besser hängendes Plättchen aus weichem Eisen (Anker), vermittelt das Füllen mit Wind oder Entleeren eines im Relais befindlichen Bälgchens, das mit dem Hauptventil durch einen Gewindedraht in Verbindung gebracht ist. Sobald nun der Elektromagnet den Anker angezogen hat, entleert sich das Bälgchen und zieht, indem es durch den Innenwind des Relais zusammengedrückt wird, das Hauptventil auf, wodurch die in der Windlade befindlichen Taschen oder Membranen entleert und bei eingestellten Registern die Pfeifen zum Erklingen gebracht werden. Die Elektromagnete selbst werden verschiedenartig konstruiert und unterscheidet man hauptsächlich Topfmagnete (Walcker, Frankfurt a. O., Drexler, Wien) und Hufeisenmagnete (Steinmeyer, Öttingen). Letztere dürften ersteren in mancher Beziehung vorzuziehen sein, da deren Stromverbrauch äußerst gering, die Anziehungskraft dagegen eine völlig genügende ist, zweckmäßige Konstruktion vorausgesetzt. Die elektrischen bzw. elektropneumatischen Relais werden nun wieder auf zweierlei Art angewendet. Sind z. B. für irgend ein Manual oder für das Pedal mehrere Windladen vorhanden, so legt man das Relais in vermittelte Nähe derselben und verbindet dieses, welches mehrere Ausstromöffnungen erhalten muß, durch Rohrleitungen mit dem pneumatischen Relais der Windlade. Es ist dies also eine elektropneumatische Station. Da aber bei weit auseinander liegenden Windladen die Rohrlänge eine sehr verschiedene sein kann, so ist es naheliegend, daß die Präzision eine dementsprechend ungleichmäßige ist. Es empfiehlt sich deshalb, jede Windlade mit einem elektrischen Relais zu versehen und diese mittels isolierter Drähte zu verbinden. Dadurch ist eine völlig einwandfreie Präzision gewährleistet.

Die Verbindung des Spieltisches mit dem Relais geschieht mittels Kabel. Ein solches besteht aus einer dem Manual- und Pedalumfang, sowie der Registerzahl entsprechenden Menge, je nach Länge bis 1 mm starker Kupferdrähte, die in der Regel mit Baumwolle umsponnen sind und besonders bei fahrbaren Spieltischen gebündelt, zusammen verseilt und bestens isoliert werden müssen, damit sie keinen Schaden durch äußere Einwirkungen erleiden können.

Wie eingangs erwähnt, kommt für die elektrische Orgel nur Schwachstrom, und zwar 8 bis höchstens 12 Volt in Betracht. Als Stromquelle zur Erzeugung von solchem wird heutzutage ausnahmslos die Dynamomaschine herangezogen. Elektrische Batterien werden nirgends mehr angewendet, da selbe peinlichster Pflege und Wartung bedürfen, was mit wesentlichen Kosten verbunden ist. Die Firma G. Meidinger & Co. in Basel hat das Verdienst, eine Dynamo konstruiert zu haben, die durch flexible Kuppelung mit dem Motor des Orgelgebläses verbunden ist und das Einfachste darstellt, was bisher geschaffen wurde. Zur Inbetriebsetzung der elektrischen Orgel ist in diesem Falle nur ein Anlasser nötig, was eine besondere Annehmlichkeit bedeutet.

Wie die Erfahrung lehrt, darf bei großen und größten Orgelwerken nur mehr das elektrische Regierwerk in Frage kommen. Es ist doch gewiß einleuchtend: durch Röhrenpneumatik bei Anwendung vieler Kopplungen, wenn auch der Spieltisch erhöhten Winddruck erhält, wird niemals die Präzision der Ansprache erreicht werden, die bei elektropneumatischen Orgeln auch bei größten Entfernungen möglich ist.

Im nachstehenden sollen die elektrischen Systeme der Firma G. F. Steinmeyer & Co. in Öttingen kurz beschrieben sein, welche gleichzeitig auch die Entwicklung derselben zeigen. Heute wendet die Firma lediglich das elektropneumatische Relais (Fig. 20) an, wie solches bei den Orgeln München, Polizeigebäude, Augsburg, Ludwigsbau, Mannheim, Konkordienkirche, Berlin, Primuspalast, Berlin-Charlottenburg, Epiphanienkirche, zur Ausführung kam.

a) Beschreibung der Kontakteinrichtung.

Fig. 18a. Der am Ende der Taste *a* befestigte Metallwinkel führt eine aus galvanischer Kohle bestehende Rolle *b*, die auf einem Isolationsplättchen *d* aufliegt, welche auf einer federnden Metallschiene *c* in Verbindung mit einem Hartkohlenplättchen *e* gebracht ist.

b) Beschreibung des Spielrelais oder der elektrischen Station.

Fig. 18a. Auf dem Deckel des Windkastens *a* ruht ein doppelspuliger Elektromagnet *f*, dessen Kerne *g* in den Windkasten ragen. Das Ventil *i*, auf dessen Führungsdraht das Ankerplättchen *n* befestigt ist, verhindert das Entweichen der Preßluft durch die Bohrung *l*.

c) Funktion.

Fig. 18b. Drückt man die Taste *a* nieder, so wird zur Kontaktbildung die Rolle *b* von dem Isolationsplättchen *d* abgezogen und mit dem Hart-

kohlenplättchen *e* verbunden. Dadurch wird der Stromkreis geschlossen,
das Ankerplättchen *n* wird durch die Magnetkerne *g* samt den Ventilen *i* und *k*

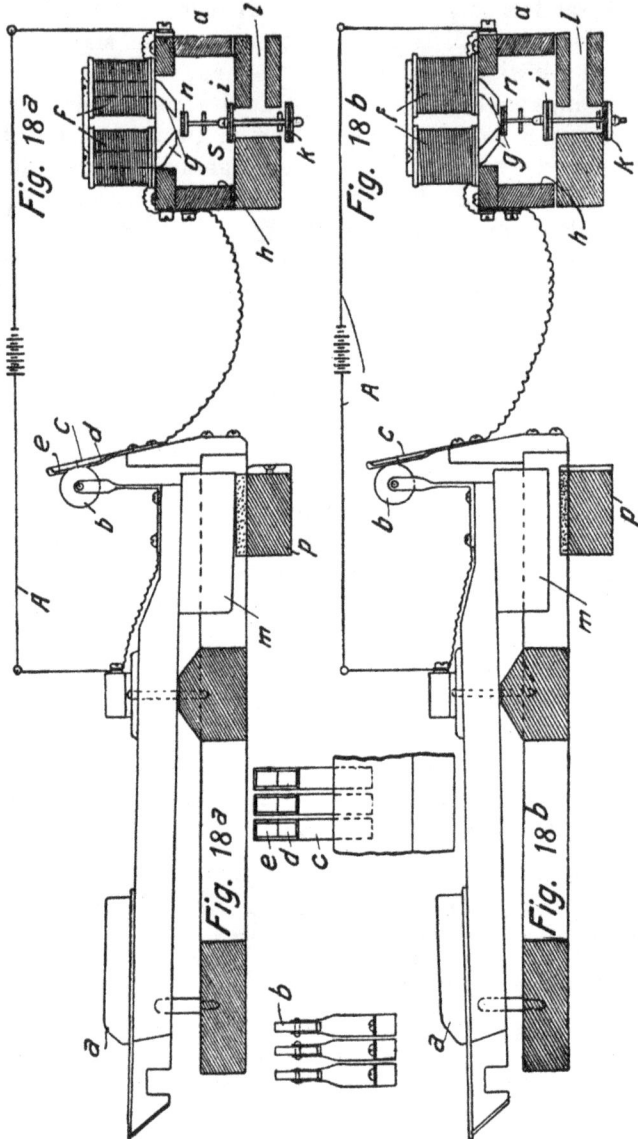

angezogen. Die im Windkasten *a* befindliche Preßluft entweicht hierauf
durch die Bohrung *l*, welche mittels eines Bleirohres mit der pneumatischen
Windsteuerung (Relais) in Verbindung gebracht ist.

d) Beschreibung der elektrischen Windsteuerung.

Fig. 19a und 19b. Durch die im Windkasten *a* befindliche Preßluft werden die Membranen der Windlade über dem Doppelventil *b* gefüllt. Wird durch Tastendruck der Stromkreis geschlossen, so wird durch den Elektromagneten *c* das mit dem Ventildraht *d* verbundene Ankerplättchen *e* angezogen. (Fig. 19 b.) Das Doppelventil *b* schließt nun die aus dem Wind-

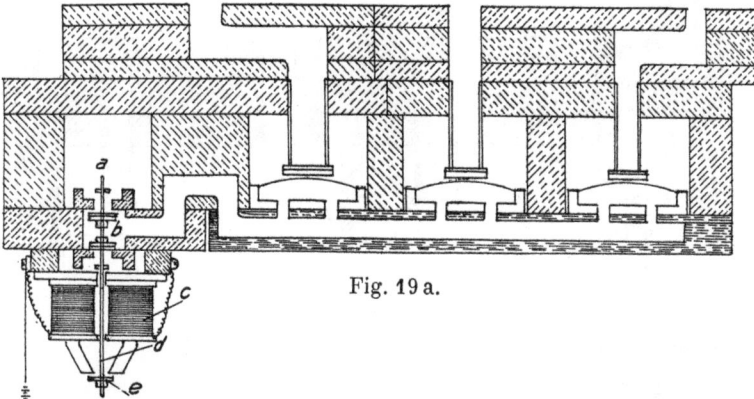

Fig. 19 a.

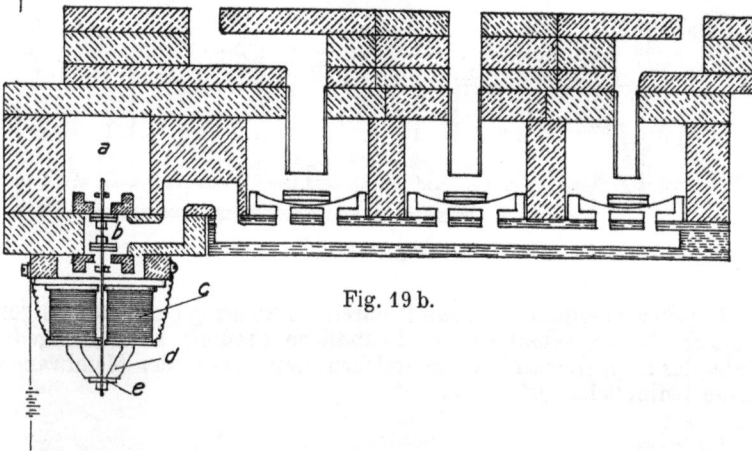

Fig. 19 b.

kasten *a* kommende Preßluft von oben ab und läßt den in den Membranen der Windlade befindlichen Wind unter dem Doppelventil *b* entweichen. Diese werden durch den Kanzellenwind niedergedrückt. Derselbe strömt durch das Rohr in den Pfeifenstock, bzw. zur Pfeife.

e) Beschreibung der elektropneumatischen Windsteuerung (Relais).

Fig. 20a und 20b. Die im Windkasten *a* befindliche Preßluft speist nicht nur die Membranen der Windlade über dem Doppelventil *b*, sondern

auch das im Windkasten befindliche Bälgchen *c* über Ventil *d*, welches mit
der nach unten abgedichteten Ankerplatte *e* in Verbindung gebracht ist.
Wird nun durch Tastendruck der Stromkreis geschlossen, so wird durch den
Elektromagneten *f* die Ankerplatte *e* gehoben. (Fig. 20b.) Dadurch strömt

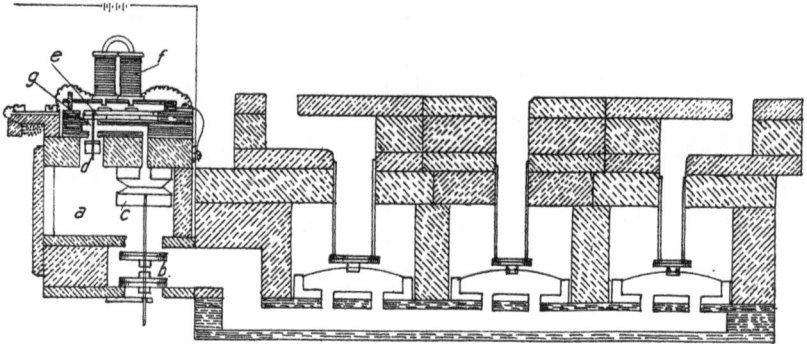

Fig. 20 a.

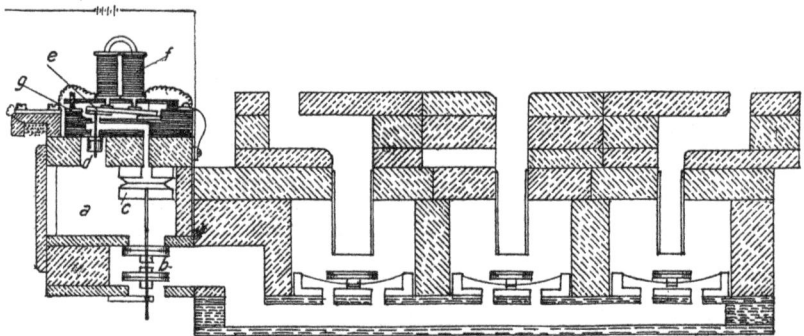

Fig. 20 b.

die im Bälgchen *c* befindliche Preßluft durch die Bohrung *g* aus, das Bälgchen *c*
wird durch die im Windkasten *a* befindliche Preßluft zusammengedrückt
und hebt das Doppelventil *b*, unter welchem dann die in den Membranen der
Windlade befindliche Luft entweicht.

Siebenter Abschnitt.

Das Pfeifenwerk.

Den wichtigsten Teil der Orgel bildet das Pfeifenwerk. Die meisten Pfeifen befinden sich im Innern der Orgel; nur die im Prospekt stehenden sind dem Auge sichtbar.

I. Das Material der Pfeifen.

Die Pfeifen sind entweder aus fast reinem 14lötigem englischen Zinn oder aus geringerem, meist 12lötigem Probzinn oder aus 10-lötigem sog. Naturguß, einer Mischung aus halb Zinn, halb Blei, ferner aus Zink oder Holz (Kiefern-, Fichten-, Tannen-, Birnbaumholz usw.). Aus feinem, poliertem Zinn macht man jene Register, deren Ton stark, scharf, glänzend und durchdringend sein soll, vor allem die Prospektpfeifen Prinzipal und Oktave; aus Probzinn Gemshorn, Spitzflöte usw.; aus Naturguß gerne Salicional, Dolce, Flöten und Gedackte; aus Holz hauptsächlich die Bässe, die weiten 8' und die großen gedeckten Pfeifen, überhaupt jene Stimmen, welche einen sanften und lieblichen Ton geben sollen; doch werden gewisse Stimmen, welche dumpf und doch voll klingen müssen, ebenfalls aus Holz gefertigt.

II. Struktur der Pfeifen.

A. Der Form oder Gestalt nach (Fig. 21 und 22) gibt es säulenförmige (zylindrische) *a*, vierkantige (prismatische) *b*, kegelförmige, konische

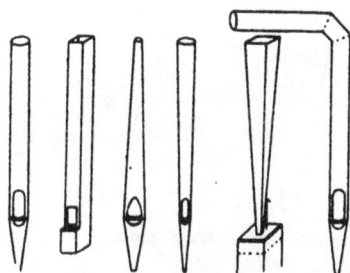

Fig. 21 *a*   *b*   *c*   *d*   *e.*   Fig. 22 *f.*
Formen der Pfeifen.

oder pyramidenförmige Pfeifen, und zwar nach oben zugespitzt *c*, nach unten zugespitzt *d*. Die beiden letztgenannten Pfeifenarten nehmen einen horn-, resp. flötenartigen Charakter an. Zu den zylinderförmigen und prismatischen Pfeifen gehören alle Prinzipale mit ihren untergeordneten Stimmen und einige andere Register; zu den konischen, nach oben verspitzten Gemshorn, Spitzflöte; zu den nach unten verspitzten Formen Dolce, Salicet, sowie die Schallkörper mancher Zungenstimmen, Fig. 21 e.

Bemerkung. Pfeifen, welche an der Decke anstehen oder zu lang sein würden, bekommen nicht selten in ihrem oberen Teile eine Biegung im stumpfen Winkel und heißen dann gekröpfte Pfeifen. Fig. 22 f.

B. Nach der Konstruktion oder Einrichtung der Pfeifen, also nach der Art, wie die Tonerzeugung geschieht, teilt man das gesamte Pfeifenwerk der Orgel in zwei Hauptklassen: in Labial- und in Rohr- oder Zungenwerke. Die Labialpfeifen zerfallen in zwei Klassen: in offene und gedeckte (oben verschlossene) Pfeifen.

1. Labialpfeifen.

Labialpfeifen (von labium = Lippe, also Lippenpfeifen) sind entweder aus Zinn (Metall) gefertigt, z. B. Prinzipal, Salicional, oder aus Holz gemacht, z. B. Hohlflöte, Gedackt.

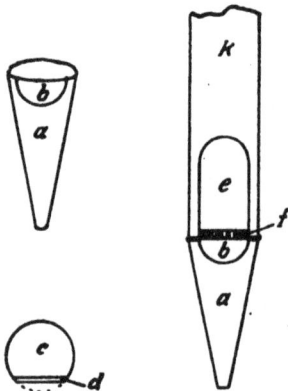

Fig. 23. Äußere und innere Teile
einer Metallpfeife.

Fig. 24. Schnitt durch
eine Metallpfeife.

a) An einer metallenen Labialpfeife (Fig. 23 und 24) ist zu unterscheiden der Fuß (a), der unterste Teil, von dem oberen Teil, dem Pfeifenkörper (k). Der Fuß steht auf dem Pfeifenstock und bildet einen umgekehrten Kegel. Der obere Rand des Kegels ist vorne sanft eingedrückt und heißt Unterlabium (b). Auf dem Fuße, da, wo der Wind ausströmt (hinter dem Unterlabium), befindet sich, gleichsam als Scheidewand zwischen dem Pfeifenfuß und dem Pfeifenkörper, eine feste Scheibe, Kern genannt, an welcher vorne ein kleiner Kreisabschnitt fehlt (c). Kern und Unterlabium bilden eine längliche, sehr schmale Öffnung, die Kernspalte (d); durch diese dringt der Wind heraus. Der untere Rand des Pfeifenkörpers ist oberhalb des Kernes etwas eingebogen und heißt Oberlabium (e). Zwischen diesem und dem Unterlabium befindet sich eine länglich viereckige, oder auch, je nach Beschaffenheit der Stimme, eine gewölbte Öffnung, der Aufschnitt der Pfeife (f). Es ist selbstverständlich, daß alle Teile der Pfeife in richtigem Verhältnisse stehen müssen. Auch die Höhe des Aufschnittes hat großen Einfluß auf die Intonation der Pfeife. So z. B. muß eine Pfeife von kräftiger Intonation einen weiteren Aufschnitt haben als eine solche von schneidendem Charakter. Die erste Art des Aufschnittes entspricht einer weiteren Mundöffnung beim kräftigen Singen. Die Prospektpfeifen werden häufig durch sog. aufgeworfene oder erhabene Labien verziert (g).

b) Der Längsdurchschnitt einer hölzernen Labialpfeife (Fig. 25) zeigt uns dieselben Teile wie bei den Zinnpfeifen, nur in veränderter Form. Durch die Wände des Pfeifenkörpers (R) wird der schwingende Luftkörper von der äußeren Luft abgeschlossen. Durch die untere Röhre (a), Pfeifenfuß, Windrohr oder Tille genannt, dringt die aus der Windlade kommende Luft in die Windkammer (K); dieselbe ist ein leerer Raum, der durch einen auf geleimten oder angeschraubten Vorschlag (b), das Unterlabium vorstellend, verdeckt wird. Über der Windkammer befinden sich der Kern (c) und die Kernspalte (d). Das Oberlabium (e) ist schräg eingehobelt, der Aufschnitt (f), der Größe und dem Charakter der Pfeife entsprechend, enger oder weiter.

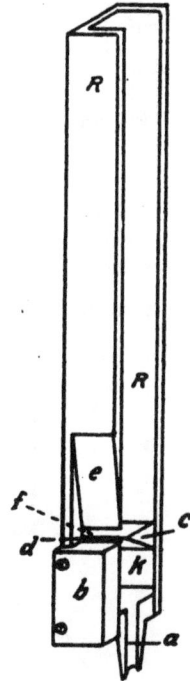

Fig. 25.
Längsdurchschnitt einer hölzernen Labialpfeife.

c) Der Ton der Gedackte[1]) klingt eine Oktave tiefer (siehe S. 85 ff.), dazu hohler, schwächer, dunkler und weicher als jener gleichlanger,

---

[1]) Gedackt kommt von dem rückumlautenden Verbum »decken«, welches in alter Zeit seine Grundformen auf decken, dahte (sprich dachte), gedaht = gedacht = gedackt bildete. Letzteres Wort ist somit die frühere Form des zum Adjektiv gewordenen zweiten Partizips »gedeckt«, und es muß als eine »Verböserung« be-

offener Pfeifen, weil den gedeckten Pfeifen, wie wir später sehen werden, die geradzahligen Obertöne fehlen (Seite 66, 67 und 85). Durch die Gedackte kommt aber Abwechslung in die Orgelregister, auch wird durch ihre Verwendung an Platz, Pfeifenmaterial und Kosten gespart. Zinnpfeifen werden durch einen, dem Deckel einer runden Blechbüchse ähnlichen Hut verschlossen (Quintatön), Fig. 26 b, Holzpfeifen, z. B. Gedackte, durch Spunde oder Stöpsel gedeckt (a). Bei ganz gedeckten Pfeifen — Bordun, Subbaß — müssen Hut und Spund luftdicht schließen. Halbgedeckte Labialpfeifen (Rohrflöte, Rohrquinte) erhalten dagegen eine nur teilweise verschlossene Mündung dadurch, daß man oben im Hute eine enge Röhre anbringt (c).

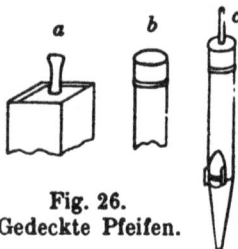

Fig. 26.
Gedeckte Pfeifen.

d) Bei schwer ansprechenden Pfeifen muß der Wind gewissermaßen zusammengehalten werden, damit die Pfeifen präziser ansprechen

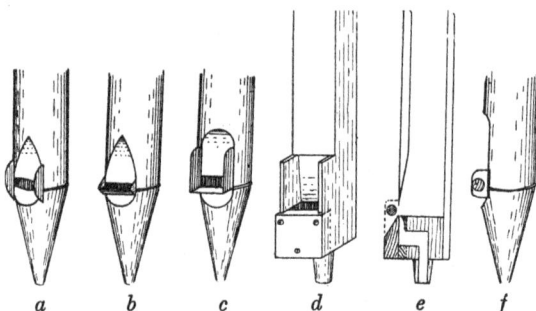

Fig. 27 a—f Bärte.

und nicht in die Oktave überblasen (S. 95), weshalb man an beiden Seiten des Pfeifenaufschnittes entsprechende, von der Pfeife abstehende Plättchen anbringt, sog. Seitenbärte'(Gemshorn) Fig. 27 a. Sind diese Seitenbärte in Gestalt einer Klammer vor dem Aufschnitte verbunden, dann entstehen die Vorderbärte (Gamba) b. Ist der Aufschnitt zu beiden Seiten und unten von Bärten eingeschlossen, dann zeigt die Pfeife einen Kastenbart (Quintatön) c. Auch bei Holzpfeifen werden zuweilen durch schmale Holzstreifen gebildete Bärte, Strichbärte,

zeichnet werden, für das betreffende Orgelregister die Bezeichnung »Gedeckt« zu setzen, während der bisherige, durch die Geschichte geweihte Ausdruck »Gedackt« uns an das Mittelalter und die ältesten Orgelbauer, die Mönche, zu erinnern vermag. Es ist unbegreiflich, wenn irgend ein Zweig des Kunstgewerbes sich um einen guten, alten, technischen Ausdruck ärmer machen will zugunsten eines modern-verflachten.

angebracht (Bordun) d. Bei Holzpfeifen, welche nach innen labiert sind, Fig. 22e, werden zur Erzielung präziser und konstanter Intonation sog. Intonierrollen angewandt, welche zwischen den Seitenbärten exzentrisch angeschraubt sind und beliebig verstellt werden können (Violonbaß). Sie haben den Zweck, den aus der Kernspalte dringenden Luftstrom direkt an den Aufschnitt (an das Labium) zu dirigieren. Intonierrollen finden auch bei Zinnpfeifen Verwendung, z. B. bei der tiefen Oktave von Prinzipal 8', Gamba 8', Salicional 8', Fugara u. a. Fig. 27f.

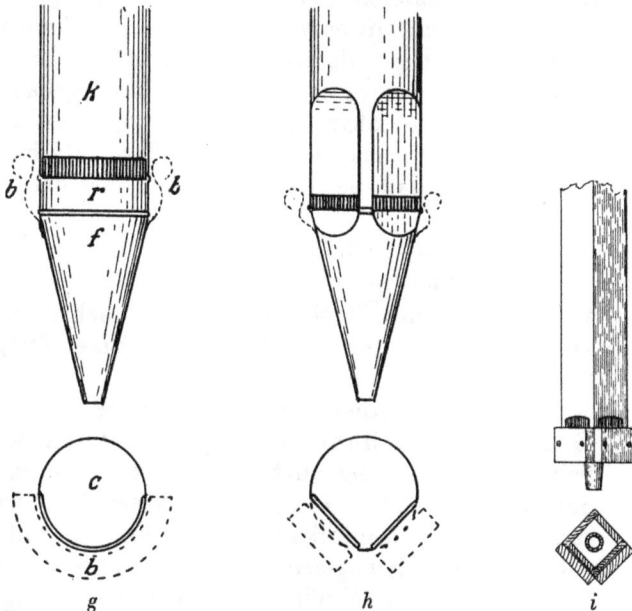

Fig. 28 g—i. Hochdruckpfeifen.

e) Noch sind zu erwähnen zwei Pfeifengattungen der Neuzeit, und zwar 1. die seit ca. 25 Jahren bekannte sog. Hochdruckpfeife von Karl G. Weigle, welche, wie schon der Name sagt, mit Wind von hohem Druck (bis zu 300 mm Wassersäule) angeblasen wird und infolgedessen einen ganz ungewöhnlich starken Ton gibt. Fig. 28g. Diese Pfeife unterscheidet sich von der gewöhnlichen dadurch, daß sie kein eingedrücktes Ober- oder Unterlabium hat, sondern vollständig zylindrisch geformt ist. Auf Fuß f ist der Ring r gelötet und auf diesen der Kern c (siehe Grundriß). Kernspalte und Aufschnitt im Körper k, welch letzterer an den Ring r gelötet ist, nehmen den halben Umkreis der Pfeife ein. Der angedeutete Bart b gleicht gewissermaßen der vorhin genannten Intonierrolle und ist beweglich. Durch weite oder enge Mensur, offen oder gedeckt, läßt sich mit der Hochdruckpfeife jeder Toncharakter erzielen. Die Verwendung dieser Register ist in sehr großen Räumen von vorzüglichem Erfolg. Solche Stimmen wurden in letzter Zeit auch in der großen Orgel der Gedächtniskirche zu Speyer benutzt.

f) Auf dem gleichen Prinzip, große Anblasefläche, beruht die G. F. Weiglesche sog. Seraphon-Pfeife, nur mit dem Unterschiede, daß dieselbe 2 flache Labien hat, welche miteinander einen Winkel bilden (Fig. 22h). Sie hat vor der vorgenannten Hochdruckpfeife g den Vorzug, daß sie leichter zu intonieren ist und auch schon bei gewöhnlichem Winddruck eine größere Tonkraft entwickelt als die gewöhnliche Pfeife; dabei ist sie modulationsfähiger als die Hochdruckpfeife, auch können sowohl Zinn- als Holzpfeifen nach dieser Form gebaut werden (Fig. 22i). Wie die Holzdruckpfeife, so verträgt auch die Seraphon-Pfeife jeden erhöhten Winddruck, wodurch die Tonkraft beliebig gesteigert werden kann, ohne daß die Schönheit des Tones darunter litte.

2. Rohr- oder Zungenstimmen.
(Siehe auch Seite 88 ff.)

Sie bilden hinsichtlich der Struktur und des Toncharakters einen vollständigen Gegensatz zu den Labialpfeifen. Eine Zungenpfeife (Fig. 29) besteht aus drei Hauptteilen.

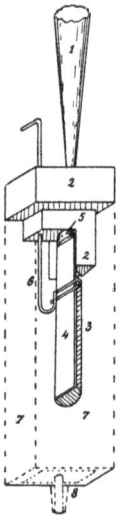

a) Der sichtbare Pfeifenkörper *1* (Aufsatz, Schallbecher, Schallstück), welcher zu der eigentlichen Tonerzeugung nichts beiträgt, sondern den an der Zunge (siehe später) entstandenen Ton nach akustischen Gesetzen musikalisch veredelt, d. h. mit der ihm zukömmlichen Klangfarbe versieht und sprachrohrartig verstärkt, hat gewöhnlich die Form eines umgekehrten Kegels oder einer umgekehrten vierkantigen Pyramide und ist aus Holz oder Metall gearbeitet.

b) Das Mundstück, der eigentlich tonbildende Teil der Pfeife, besteht aus dem Kopf *2* (Nuß oder Birne), aus dem Schnabel *3* (Kehle, Pfanne oder Rinne) und der Zunge *4*, einer dünnen, elastischen Platte aus Messing, Stahl oder Neusilber, welche auf der offenen Längsseite der Kehle liegt. Die Zunge kann freischwingend (durchschlagend) oder aufschlagend sein. Im ersten Falle ist ihre verhältnismäßig sehr dünne Platte etwas schmäler

Fig. 29.   als die Kehle, sodaß sie zwischen den Rändern derselben schwingt und einen weichen, angenehmen Ton gibt (Fagott, Oboe, Klarinette); andernfalls schlägt die schwingende, etwas dickere und verhältnismäßig breitere Zunge auf die oftmals belederten Ränder

der Kehle, wodurch der Ton voll und stark wird (Posaune, Trompete).
Ein kleiner Keil *5* hält die Zunge samt der Kehle im Loche des Mundstückes fest. Die Zunge wird durch die sog. Stimmbrücke *6*, einen
durch den Kopf gehenden, unten gebogenen Draht, oft auch durch eine
breite Messingfeder, einen Stimmbalken oder eine Stimmschraube auf
die Kehle gedrückt und abgegrenzt. Das Stimmen mittels der Krücke
siehe Seite 71.

c) Der Stiefel oder Fuß *7*, einen zylindrischen oder prismatischen
Hohlraum bildend, steht mit dem Windrohr *8* auf dem Pfeifenstock,
wird oben durch das Mundstück geschlossen, umschließt alle Teile desselben und trägt den Schallbecher *1*, der mit seiner Spitze im Kopfe des
Mundstückes steht. Physharmonika (Seite 90) und Serpent haben in
der Regel keine Schallkörper.

Bemerkung. Die Bezeichnung »Rohr- oder Zungenstimmen« wird
gebraucht, weil der Ton dieser »Pfeifen« Ähnlichkeit hat mit dem der Rohr-
instrumente des Orchesters (Oboe, Klarinette, Fagott), und weil ihr Klang
durch eine vibrierende Zunge hervorgebracht wird.

III. Das Tönen der Pfeifen. Wichtiges aus dem Gebiete der Akustik.*)

Nachdem wir die Einrichtung der Pfeifen kennen gelernt haben,
wollen wir das Tönen derselben einer näheren Betrachtung unterziehen.

Das Tönen der Labialpfeifen und der Zungenstimmen
gründet sich auf das Mittönen offener bzw. einseitig geschlossener
Röhren, deren Luftsäulen in sog. stehende Schwingungen (siehe
später) versetzt werden. Wir wollen nun zum besseren Verständnis
ein interessantes Gebiet der Akustik streifen, indem wir zunächst die
Entstehung einer Wellenbewegung in elastischen Körpern betrachten,
uns sodann über die Begriffe Schwingungen, Schwingungszeit, Wellenlänge, Interferenz und stehende Wellen Klarheit verschaffen, die ge-
wonnenen Resultate zur Berechnung der Länge offener und gedeckter
Pfeifen benutzen, uns ein Bild von dem Tönen der Pfeifen entwerfen
und zuletzt über Obertöne und Kombinationstöne sprechen.

1. Wellenbewegung elastischer Körper.

In elastischen Körpern können Wellenbewegungen hervorgerufen
werden durch Transversal- oder Querschwingungen der Moleküle,
d. h. durch Schwingungen senkrecht zur Fortpflanzungsrichtung und
durch Longitudinal- oder Längsschwingungen der Moleküle, d. h. durch
Schwingungen längs der Fortpflanzungsrichtung.

---

*) Die Akustik (von dem griechischen akuein = hören) ist die Lehre vom Schall.

A. Durch Transversalschwingungen entstehende fortschreitende Wellen.

Wir nehmen an, ein elastisches Seil (Fig. 30 A B) oder die Saite
eines Streichinstrumentes ist in vier Teile geteilt und durch irgend
eine Erregung bewegt sich das Teilchen o aus seiner Gleichgewichtslage

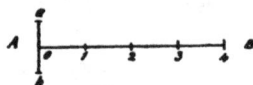

Fig. 30.

nach a, dann zurück nach o, dann nach b und schließlich nach o zurück,
so heißt dieser nach unserer Annahme in vier Teile zerlegte Hin- und
Hergang des Teilchens o eine Schwingung und die Zeit, in welcher das
Teilchen o diesen Weg zurücklegt, die Schwingungszeit. Letztere
wollen wir mit t bezeichnen. Wenn nun das Teilchen o seine in vier Teile
zerfallende Schwingung, nämlich die von o—a nach ¼, die von a—o nach
dem 2. Viertel, ferner die von o—b nach dem 3. Viertel und endlich die
von b—o nach dem 4. Viertel der Schwingungszeit vollendet hat, so
pflanzt sich diese Bewegung in elastischen Körpern, wie wir gleich sehen
werden, um eine sog. Wellenlänge fort; denn in elastischen Körpern
überträgt sich die Bewegung eines Teilchens, auf das Nachbarteilchen,
sodaß schließlich der ganze elastische Körper in Schwingungen versetzt
wird. Wir wollen nun die Phasen dieser Schwingungen für die einzelnen
Teilchen des Seiles A—B betrachten während der Schwingungszeit t
des Teilchens o, und zwar für die Zeit o t, ¼ t, $^2/_4$ t, ¾ t und $^4/_4$ t und
uns ein Bild des schwingenden Seiles entwerfen.

Nach unserer Annahme gelangt das Teilchen o aus seiner Gleichgewichtslage nach a in ¼ der Schwingungszeit, nach o zurück in $^2/_4$ t,
nach b in ¾ t, nach o in $^4/_4$ t. Gelangt Teilchen o nach a, so soll sich
die Schwingung bis zum Teilchen 1 fortgepflanzt haben. Das Bild
der Welle nach ¼ t ist folgendes:

Fig. 31.

Nun kommt das Teilchen o vom Punkte a zurück in die Gleichgewichtslage. Teilchen 1 gelangt an seinen höchsten Punkt, und Teilchen 2 beginnt seine Bewegung in der Richtung des Pfeiles. Das Bild
der Welle nach $^2/_4$ t folgendes:

Fig. 32.

Nun kommt das Teilchen *o* nach dem Punkt *b* . Teilchen *1* kommt an seinen Ausgangspunkt (Gleichgewichtslage) zurück, Teilchen *2* hat seine höchste Lage erreicht und Teilchen *3* beginnt seine Bewegung in der Richtung des Pfeiles. Das Bild der Welle nach ¾ t ist folgendes:

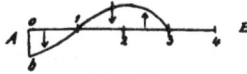

Fig. 33.

Endlich kehrt Teilchen *o* vom Punkte *b* in die Gleichgewichtslage zurück. Teilchen *1* hat seine tiefste Lage, Teilchen *2* die Gleichgewichtslage, Teilchen *3* seine höchste Lage erreicht und Teilchen *4* beginnt die Bewegung in der Richtung des Pfeiles. Das Bild der Welle nach $^4/_4$ t ist folgendes:

Fig. 34.

Dieses Bild einer **direkten Welle** besteht, wie bei der Wasserwelle, aus Wellental und Wellenberg. Während das Teilchen *o* eine Schwingung vollendet hat, pflanzte sich die Bewegung, wie bereits gesagt, um eine Wellenlänge fort. Eine **Wellenlänge** ist somit die Strecke, um welche sich die schwingende Bewegung in einem elastischen Körper während der Schwingungszeit eines Teilchens fortgepflanzt hat.

B. Um die **Entstehung von fortschreitenden Longitudinalwellen** darzustellen, nehmen wir an, in einer zylindrischen Röhre befinde sich Luft von gleicher Dichte. Um die Luft in der Röhre in Bewegung zu setzen, bewegen wir einen massiven Kolben von der Mündung der Röhre aus in einer Zeit t durch die Strecke *a c* (Fig. 35 a) und wieder rückwärts in der Art, daß er nach ¼ t den Weg *a b*, nach dem 2. Viertel t den Weg *b c*, nach dem 3. Viertel t den Weg *c b*, nach dem 4. Viertel t den Weg *b a* zurücklegt, so daß also seine Schwingung in vier Teile zerfällt. Die Zeit t, welche der Kolben braucht, um seinen Weg zurückzulegen, heißt ebenfalls **Schwingungszeit oder Schwingungsdauer**.

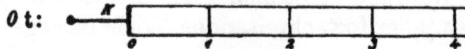

Fig. 35 a. Fig. 35 b.

In Fig. 35 b sollen die Ziffern *0 1 2 3* und *4* Luftschichten in der Röhre bezeichnen, welche anfangs gleichweit voneinander abstehen. Die Bewegung des Kolbens *k* wird allmählich den genannten Luftschichten mitgeteilt. Jede derselben macht infolgedessen eine vorwärts-

schreitende und dann wieder zurückgehende Bewegung, und zwar wird
die Bewegung des Kolbens der Schichte *1* nach $\frac{1}{4}$ t, der Schichte *2*
nach $\frac{2}{4}$ t, der Schichte *3* nach $\frac{3}{4}$ t und der Schichte *4* nach $\frac{4}{4}$ t mitgeteilt.

Ist also Schichte *0* nach $\frac{1}{4}$ t in der Lage *b* angekommen, so hat
sich die Bewegung bis zur Schichte *1* fortgepflanzt. Die Luft wird
dadurch auf einen kleineren Raum zusammengedrängt und somit in
diesem Raume verdichtet (Schraffierung). Schichte *1* beginnt zu
schwingen, und zwar nach rechts. Das Bild der Welle nach $\frac{1}{4}$ t ist
folgendes (Fig. 36):

$\frac{1}{4}$ t:

Fig. 36.

Nach dem 2. Viertel t ist Schichte *0* um die Strecke *b c* vorwärts
gegangen und dadurch in ihrer äußersten Lage rechts angelangt.
Schichte *1* hat nach rechts den Weg *a b* zurückgelegt und Schichte *2*
beginnt ihre Bewegung nach rechts. Das Bild der Welle nach $\frac{2}{4}$ t
zeigt Fig. 37:

$\frac{2}{4}$ t:

Fig. 37.

Nach dem 3. Viertel t ist Schichte *0* rückwärts um die Strecke *c b*
gegangen. Schichte *1* ging um die Strecke *b c* vorwärts und erreicht
dadurch ihre äußerste Lage rechts. Schichte *2* ging um die Strecke *a b*
vorwärts, und Schichte *3* beginnt ihre Bewegung. Das Bild der Welle
nach $\frac{3}{4}$ t ist folgendes Fig. 38:

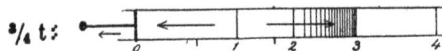

$\frac{3}{4}$ t:

Fig. 38.

Aus dieser Figur ersieht man, daß die Luftschichten zwischen *0*
und *2* einen größeren Raum einnehmen als zuvor. Sie haben sich also
verdünnt, während zwischen den Schichten *2* und *3* Verdichtung
herrscht. In jeder fortschreitenden Welle bewegen sich die Luftschichten
im verdichteten Teil vorwärts, im verdünnten Teil rückwärts (siehe die
Pfeile).

Nach dem 4. Viertel t ist Schichte *0* in ihre Ruhelage zurückgekehrt,
Schichte *1* hat die Rückwärtsbewegung begonnen und geht um die
Strecke *c b* zurück. Schichte *2* macht den Weg *b c* vorwärts und erreicht
dadurch ihre äußerste Lage rechts. Schichte *3* ging um die Strecke *a b*

vorwärts, und Schichte *4* beginnt ihre Bewegung. Das Bild der Welle nach $^4/_4$ t ist folgendes Fig. 39:

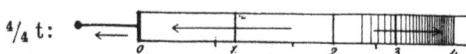

$^4/_4$ t:

Fig. 39.

Die Schichten von *0* bis *2* nehmen jetzt, wie Fig. 39 zeigt, einen noch größeren Raum ein als in der anfänglichen Lage, die Schichten von *3* bis *4* dagegen einen kleineren. Die Schichten von *0* bis *4* teilen sich in zwei Teile: in einen Teil, in dem die Luft verdünnt, und in einen solchen, in dem sie verdichtet ist, und zwar befindet sich, wie bereits bemerkt, die verdünnte Luft in Rückwärtsbewegung, während die verdichtete Vorwärtsbewegung hat. Eine solche Luftverdichtung und -Verdünnung bilden eine Luftwelle. Der verdünnte Teil von *0* bis *2* und der verdichtete Teil von *2* bis *4* bilden zusammen die Luftwelle. Man versteht also auch hier wieder unter der Länge einer Welle die Strecke, um welche sich die schwingende Bewegung einer Luftschicht während der Schwingungszeit fortgepflanzt hat. Oder, anders ausgedrückt: Wellenlänge wird die Strecke genannt von einer größten Verdichtung bis zur nächstfolgenden oder von einer größten Verdünnung bis zur nächsten. In der Zeit, in welcher ein Luftteilchen (siehe die Bewegung des Kolbens) seine Schwingung vollendet, ist die Welle um eine Wellenlänge fortgeschritten. Die Schwingungen der Luft lassen sich also mit den Transversalschwingungen eines Seiles vergleichen. Für beide Schwingungsarten können wir in derselben Weise die Wellenlänge berechnen.

C. Berechnung der Wellenlänge. Ist die Dauer einer Schwingung, wie angenommen, t und die Fortpflanzungsgeschwindigkeit der Bewegung in einem gewissen Körper (Luft, Holz, Seil, Saite usw.) c Meter, d. h. pflanzt sich die Bewegung in der Sekunde c Meter fort, so ist der Weg, den die Bewegung in t Sekunden zurücklegt, c · t Meter. Dieser Weg ist aber gleich einer Wellenlänge. Ist die Wellenlänge *l*, so ergibt sich die Gleichung c · t = *l*. Ist die Zahl der Schwingungen in der Sekunde *n*, so ist die Schwingungsdauer, also die Zeit, welche zu einer Schwingung notwendig ist, t = $\frac{1}{n}$ Sek. Setzen wir in der vorhin gefundenen Gleichung $\frac{1}{n}$ für t ein, so ergibt sich die Gleichung $\frac{c}{n}$ = *l*.

Die Wellenlänge eines Tones können wir jetzt aus der Zahl seiner Schwingungen in der Sekunde berechnen. So z. B. macht c^1 in der Sekunde 256 Schwingungen. Nimmt man die Schallgeschwindigkeit

in der Luft zu 330 m in der Sekunde an, so ist die Wellenlänge des
Tones $c^1 \dfrac{330}{256}$ m = 1,28 m (ca).

D. Interferenz der Wellen. Stehende Wellen.

a) Stehende Transversalwellen.

Wir haben bereits eingangs erwähnt, daß Luftsäulen zum
Mittönen kommen, wenn sich in ihnen stehende Luftwellen bilden.
Wir wollen zunächst betrachten, wie sich stehende Transversalwellen
bilden.

Eine direkte Seilwelle wird zurückgeworfen (reflektiert), wenn sie
an einen Befestigungspunkt gelangt, und zwar muß nach dem Re-
flexionsgesetz die Welle mit Tal zurückgehen, wenn sie mit dem Wellenberg ankommt und umgekehrt. Diese reflektierte Welle kommt mit
der direkten zum Zusammenfallen, zur Interferenz (vom engl. to
interfere, zusammentreffen). Die Figuren 40—43 zeigen die Interferenz
zweier Transversalwellen von gleicher Länge und gleicher Schwingungs-
weite (Amplitude) der Wellen in 0 t, $^1/_4$ t, $^2/_4$ t und $^3/_4$ t.

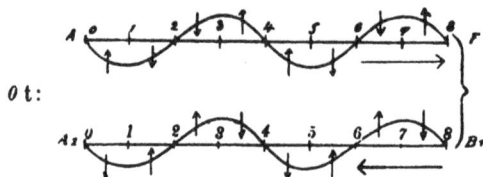

Fig. 40 a.

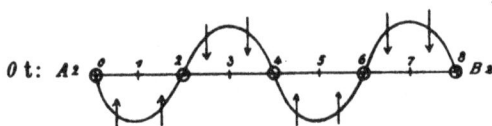

Fig. 40 b.

Nehmen wir an, in Fig. 40 a hätten die beiden geklammerten,
aber einander durchdringenden Wellenzüge, nämlich der direkte Wellenzug AB und der reflektierte $A_1 B_1$ nach ihrem Zusammenstoßen beim
Seilteilchen 8, der eine in der Richtung A—B, der andere in der Richtung $B_1 A_1$ zwei Wellenlängen weiter durchlaufen, so ist in diesem
Augenblicke, also in 0 t, $A_2 B_2$ in Fig. 40 b die resultierende Wellen-
form und ihre Entstehung folgende: Wären die beiden Wellenzüge voneinander unabhängig, so würden die Teilchen 0, 2, 4, 6, 8 in beiden
Wellenzügen die Gleichgewichtslage mit ihrer größten Geschwindig-

keit, aber in entgegengesetzter Richtung passieren; sie werden also in der resultierenden Welle $A_2 B_2$ in Ruhe sein. Die Teilchen *1, 3, 5, 7* würden in beiden Wellenzügen, falls sie unabhängig voneinander wären, ihre größte Ausdehnung (Elongation) bezüglich nach der nämlichen Seite und Geschwindigkeit = *0* erlangt haben; in der resultierenden Welle wird also diesen Teilchen die doppelte Elongation zukommen und sie werden augenblicklich gleichfalls in Ruhe sein. Von den zwischenliegenden Teilchen sind im Wellenzuge *A B* die Teilchen zwischen *0* und *1* im Aufsteigen (siehe die Pfeile), die zwischen *1* und *2* im Absteigen, während dieselben Teilchen des reflektierten Wellenzuges $A_1 B_1$ das entgegengesetzte Bild zeigen. In beiden Wellenzügen strebt also jedes dieser Teilchen, mit gleicher Geschwindigkeit nach entgegengesetzten Richtungen sich zu bewegen. Es sind daher alle diese Teilchen augenblicklich in Ruhe. Da aber in beiden Wellenzügen die Geschwindigkeit der aufsteigenden Teilchen zwischen *0* und *2* im Wachsen, dagegen die der absteigenden im Abnehmen ist, so steigen im resultierenden Wellenzug von jetzt an die Teilchen zwischen *0* und *2* gleichzeitig aufwärts. Dasselbe gilt auch von den Teilchen zwischen *4* und *6*, während die Teilchen zwischen *2* und *4* sowie jene zwischen *6* und *8* gleichzeitig abzusteigen beginnen (siehe die Pfeile in $A_2 B_2$). — Nach $^1/_4$ t würden die beiden unabhängig fortschreitenden Wellenzüge die Formen wie in Fig. 41a haben; aus ihrer Interferenz ergibt sich aber die resultierende Form 41b. Alle Seilteile befinden sich augenblicklich in der Gleichgewichtslage, und zwar *0, 2, 4, 6* und *8* in Ruhe, *1, 3, 5* und *7* in ihrer schnellsten Bewegung nach der durch die Pfeile angedeuteten Richtung. — Nach $^2/_4$ t werden die Wellenformen die in Fig. 42a und b, nach $^3/_4$ t die in Fig. 43a und b dargestellten sein, worauf mit $^4/_4$ t dieselben Formen auftreten wie zur Zeit *0*.

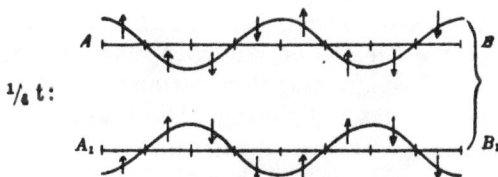

Fig. 41 a.

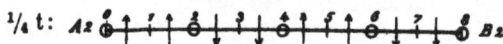

Fig. 41 b.

Aus den besprochenen Beispielen ist ersichtlich, daß bei der Interferenz zweier oder mehrerer Wellenzüge von gleicher Länge der Wellen

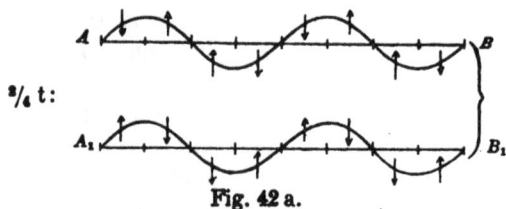

Fig. 42 a.

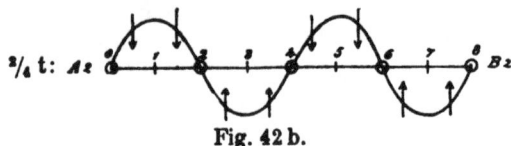

Fig. 42 b.

gewisse, um eine halbe Wellenlänge voneinander abstehende Teilchen
(*0, 2, 4, 6, 8* in Fig. 40 b—43 b) fortwährend in Ruhe bleiben. Dieselben

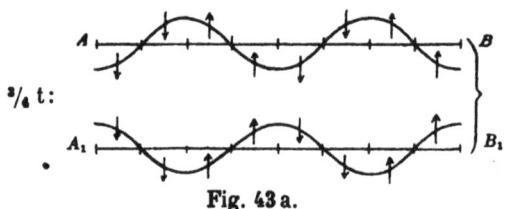

Fig. 43 a.

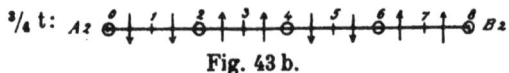

Fig. 43 b.

werden Schwingungsknoten genannt. Dagegen sind die zwischen
ihnen liegenden Teilchen (*1, 3, 5, 7* in Fig. 40 b—43 b) fortwährend in
einer schwingenden Bewegung, bei welcher sie gleichzeitig mit ihrer
größten Geschwindigkeit durch die Gleichgewichtslage gehen und
gleichzeitig ihre größte Elongation erreichen, und zwar schwingen dabei
zwei durch einen Schwingungsknoten getrennte Teile des elastischen
Körpers in entgegengesetzter Richtung. Diese entgegengesetzt schwingenden Teile heißen Schwingungsbäuche. Solche Wellen, dargestellt durch die Fig. 40 b, 41 b, 42 b, 43 b, heißen stehende Transversalwellen, weil ihre Berge und Täler nicht fortschreiten, sondern
auf derselben Stelle miteinander wechseln.

Sind in Fig. 44, welche die direkte und reflektierte (punktierte)
Welle zeigt, *0, 2* und *4* Schwingungsknoten, so bilden die Teile zwischen
0 und *2* sowie die zwischen *2* und *4* Schwingungsbäuche. Aus dem
bereits Gesagten geht aber auch hervor, daß Fig. 44 eine ganze stehende
Transversalwelle zeigt, weil sie zwei Schwingungsbäuche zwischen drei

Knotenpunkten aufweist. Zwei durch einen Knotenpunkt geteilte halbe Schwingungsbäuche geben ·eine halbe stehende Welle (Fig. 45a und b). Ein halber Schwingungsbauch und ein Knotenpunkt bilden eine Viertel- welle (Fig. 46a, b, c und d).

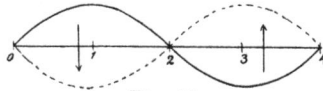

Fig. 44.

Fig. 45.

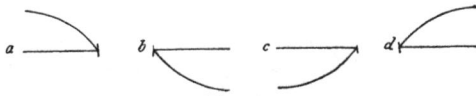

Fig. 46.

b) Stehende Luftwellen.

Zur Erläuterung der Reflexion und Interferenz der Luftwellen, wodurch sich stehende Luftwellen bilden, wollen wir zunächst an die direkte Luftwelle (Fig. 39) eine zweite Luftwelle reihen (Fig. 47) und uns ein Bild der schwingenden Luftschichten in $^5/_4$ t, $^6/_4$ t und $^7/_4$ t machen.

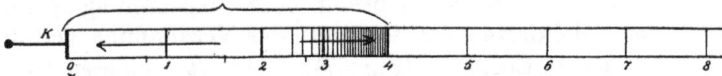

Fig. 47: $^4/_4$ t.

Während des 5. Viertels t geht Schichte *0* wieder um *a b* der Fig. 35 a vorwärts, Schichte *1* um *b a* zurück (Gleichgewichtslage), Schichte *2* um *c b* zurück, Schichte *3* um *b c* vorwärts (äußerste Lage), Schichte *4* um *a b* vorwärts und Schichte *5* beginnt ihre Bewegung. Das Bild der beiden fortschreitenden Wellen nach $^5/_4$ t (Fig. 48) ist folgendes:

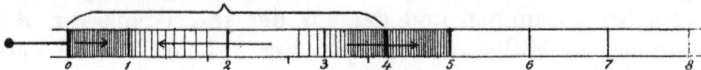

Fig. 48: $^5/_4$ t.

Während des 6. Viertels geht Schichte *0* um *b c* vorwärts (äußerste Lage), Schichte *1* geht um *a b* vorwärts, Schichte *2* um *b a* zurück (Gleichgewichtslage), Schichte *3* um *c b* rückwärts, Schichte *4* um *b c*

5*

vorwärts (äußerste Lage), Schichte *5* um *a b* vorwärts und Schichte *6*
beginnt ihre Bewegung. Das Bild der beiden fortschreitenden Wellen
nach $^6/_4$ t (Fig. 49) ist folgendes:

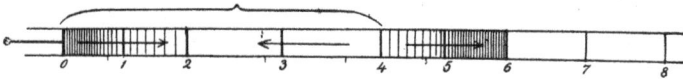

Fig. 49: $^6/_4$ t.

Während des 7. Viertels t geht Schichte *0* um *c b* zurück, Schichte *1*
um *b c* vorwärts (äußerste Lage), Schichte *2* um *a b* vorwärts, Schichte *3*
um *b a* zurück (Gleichgewichtslage), Schichte *4* um *c b* zurück, Schichte *5*
um *b c* vorwärts (äußerste Lage), Schichte *6* um *a b* vorwärts und
Schichte *7* beginnt ihre Bewegung. Das Bild der beiden fortschreitenden
Wellen nach $^7/_4$ t (Fig. 50) ist folgendes:

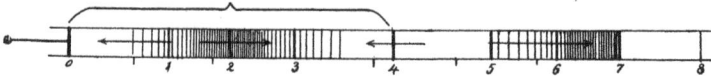

Fig. 50: $^7/_4$ t.

Wird eine direkte Luftwelle reflektiert, so muß der reflektierte
(rückwärtsschreitende) Wellenzug das umgekehrte Bild des direkten
aufweisen. Die Schichten *0, 1, 2, 3* und *4* der direkten Luftwelle treffen
nämlich bei der Reflexion mit den Schichten *4, 3, 2, 1* und *0* der reflektierten Welle zusammen, die Bewegungsrichtungen der Luftschichten
beider Wellen müssen infolgedessen entgegengesetzte sein und, je nachdem der direkten Welle Verdichtung oder Verdünnung vorangeht,
wird auch der reflektierten Verdichtung oder Verdünnung vorangehen.
Wird die direkte Luftwelle (Fig. 47) reflektiert, so bieten die beiden
Wellenzüge, wenn man sich beide unabhängig voneinander denkt und
an den direkten Wellenzug (siehe die in Fig. 47 eingeklammerten Schichten) den reflektierten umgekehrt anschließt, indem man den letzteren
unter den ersten bringt, das in Fig. 51a gezeichnete Bild, und zwar ist
A B der direkte, $B_1 A_1$ der reflektierte Wellenzug. Beide kommen zur
Interferenz. In diesem Augenblicke, also zurzeit $^4/_4$ t, fällt die Verdichtung des einen Wellenzuges mit einer Verdünnung des andern
und umgekehrt zusammen und der aus der Interferenz von *A B* und
$A_1 B_1$ entstandene Wellenzug $A_2 B_2$ in Fig. 51b hat überall natürliche
Dichte. Weil sich aber, wie bereits bei Fig. 38 und 39 bemerkt, die
Luftschichten im verdichteten Teil vorwärts, im verdünnten rückwärts
bewegen (siehe die Pfeile in Fig. 51a), so müssen die Schichten des
resultierenden Wellenzuges $A_2 B_2$ in der Richtung der Pfeile, also entgegengesetzt schwingen. Infolge der Interferenz besitzen die Schichten *1*

und *3* doppelte Geschwindigkeit, während die Schichten *0*, *2* und *4* in Ruhe bleiben.

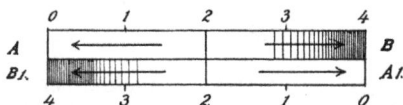 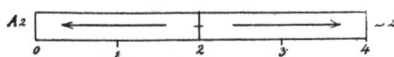

Fig. 51a: ⁴/₄ t.   Fig. 51b: ⁴/₄ t.

Während ⁵/₄ t entsteht (siehe die in Fig. 48 eingeklammerten Schichten) bei *2* eine Verdünnung, bei *0* und *4* eine Verdichtung. Der direkte und der reflektierte Wellenzug würden, wenn sie unabhängig voneinander wären, das Bild Fig. 52a ergeben. Wie aus den Pfeilen ersichtlich, sind mit Beginn von ⁵/₄ t alle Schichten momentan in Ruhe. Da aber Schichte *1* des direkten Wellenzuges im Begriffe ist, um *b a* zurückzugehen (siehe Fig. 48), also noch Linksbewegung hat und die Schichten *4* und *3* des reflektierten Wellenzuges sich ebenfalls nach links bewegen, so überwiegt in diesem Teil des resultierenden Wellenzuges während ⁵/₄ t die Linksbewegung derart, daß auch die übrigen Schichten nach links mit fortgerissen werden, während aus denselben Gründen umgekehrt im rechten Teil des genannten Wellenzuges während ⁵/₄ t die Rechtsbewegung vorherrschen muß. Am Ende von ⁵/₄ t, wenn jeder der beiden Wellenzüge um ¹/₄ Wellenlänge fortgeschritten ist, fällt Verdichtung mit Verdichtung und Verdünnung mit Verdünnung zusammen; in dem resultierenden Wellenzug (Fig. 52b) herrscht die größte Verdichtung bei *0* und *4*, die größte Verdünnung bei *2* und die Luftschichten schwingen entgegengesetzt (siehe die Pfeile in Fig. 52b).

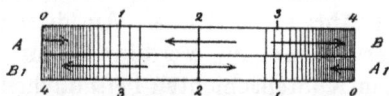 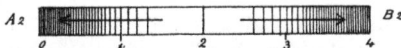

Fig. 52a: ⁵/₄   Fig. 52b: ⁵/₄ t.

Während ⁶/₄ t wird (siehe die geklammerten Luftschichten in in Fig. 49), entgegengesetzt wie in Fig. 51a, die Verdünnung des einen Wellenzuges mit der Verdichtung des anderen und umgekehrt zusammenfallen (Fig. 53a), so daß am Ende von ⁶/₄ t, nachdem die beiden Wellenzüge zum zweiten Male um ¹/₄ Wellenlänge fortgeschritten sind, in dem resultierenden Wellenzug (Fig. 53b) die Luft wieder ihre natürliche Dichte besitzt. Die Schichten *0*, *2* und *4* sind in Ruhe, auf beiden Seiten derselben bewegen sich die Luftschichten in entgegengesetzter Richtung (siehe die Pfeile), und zwar *1* und *3* mit der größten Geschwindigkeit.

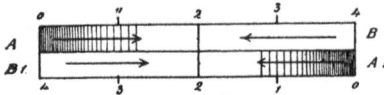 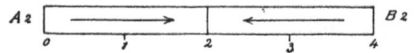

Fig. 53a: ⁵/₄ t.   Fig. 53b: ⁶/₄ t.

Während ⁷/₄ t wird (siehe die geklammerten Luftschichten in
Fig. 50), entgegengesetzt wie in Fig. 52a, wieder Verdichtung mit Verdichtung und Verdünnung mit Verdünnung zusammenfallen (Fig. 54a)
und am Ende von ⁷/₄ t herrscht, nachdem die beiden Wellenzüge zum
dritten Male um ¹/₄ Wellenlänge fortgeschritten sind, in dem resultierenden Wellenzug, umgekehrt wie in Fig. 52b, bei *2* die größte Verdichtung, bei *0* und *4* die größte Verdünnung (Fig. 54b). Die Luftschichten schwingen deshalb entgegengesetzt, und zwar in der Richtung
der Pfeile.

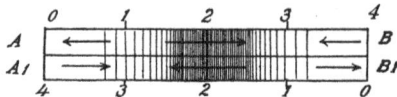 

Fig. 54a: ⁷/₄ t.   Fig. 54b: ⁷/₄ t.

Der Beginn von ⁸/₄ t endlich ist gleich dem Zustand in Fig. 51a
und das Ende von ⁸/₄ t, nachdem die beiden Wellenzüge zum vierten
Male um ¹/₄ Wellenlänge fortgeschritten sind, ist in Fig. 51b dargestellt.
Nun folgt ⁹/₄ t der nächsten Schwingungszeit (Fig. 52a und b) usw.

So entstehen auch hier auf dieselbe Weise wie bei den Transversal-
wellen durch Interferenz des direkten und reflektierten Wellenzuges
stehende Wellen (Luftwellen). In einer solchen stehenden Welle
(Fig. 51b bis 54b) bleiben, wie wir gesehen haben, gewisse Luftschichten,
die Knotenschichten (*0*, *2*, *4*), fortwährend in Ruhe. An diesen
Knotenschichten wechseln während einer Schwingung Verdünnung und
Verdichtung ab; die zwischen drei solchen Knotenschichten befindlichen
Schichten *0—2* und *2—4* schwingen abwechselnd in entgegengesetzter
Richtung hin und her (siehe die Pfeile in Fig. 51b bis 54b). Es sind
dies die Schwingungsbäuche. In der Mitte der Schwingungsbäuche
hat die Luft ihre natürliche Dichte, aber sie bewegt sich dort mit der
größten Geschwindigkeit, während, wie bereits gesagt, an den in Ruhe
bleibenden Knotenschichten die Dichte der Luft wechselt. Dadurch
unterscheiden sich die stehenden Luftwellen von den fortschreitenden,
bei welchen nach Fig. 36—39 alle nicht schwingenden Luftschichten
natürliche Dichte, die schwingenden aber Verdichtung oder Verdünnung aufweisen. — Eine stehende Luftwelle hat für einen gewissen Ton
dieselbe Länge wie die fortschreitende; folglich müssen nach dem bei
der Interferenz der Transversalwellen Gehörten Fig. 51b bis 54b **ganze**

stehende Luftwellen sein. Auch bei ihnen befinden sich zwei Schwingungsbäuche (*0—2* und *2—4*) zwischen drei Kartenschichten (*0, 2* und *4*). Dagegen stellen die genannten Figuren von *1—3* (siehe auch Fig. 55a) halbe stehende Luftwellen vor, weil bei letzteren zwei halbe Schwingungsbäuche (*1—2* und *2—3*) von einer Knotenschicht (*2*) getrennt sind. Viertelwellen endlich sind *0—1, 1—2, 2—3, 3—4* dieser Figuren, weil sie einen halben Schwingungsbauch und eine Knotenschicht darstellen (siehe auch Fig. 56a).

2. Berechnung der Länge offener und gedeckter Pfeifen.

a) Ist die Pfeife offen, so wird die direkte Welle an der oberen Öffnung reflektiert werden, weil die äußere Luft stets von anderer Dichte ist als die in der Röhre befindliche. Die direkte und reflektierte Luftwelle müssen in der Röhre zur Interferenz kommen. Am Aufschnitt und an der oberen Öffnung hat die Luftschicht der Pfeife stets ihre natürliche Dichte, weil etwaige Verdichtungen sofort an eine benachbarte Schicht abgegeben werden. Es bildet sich folglich am Aufschnitt und an der oberen Öffnung ein halber Schwingungsbauch; die ruhende Schicht, die Knotenschicht, muß in der Mitte sein und die Luftsäule schwingt, wenn sie ihren tiefsten Ton, ihren Eigen- oder Grundton angibt (siehe später Obertöne), in zwei gleichen Teilen. Die stehende Welle in der offenen Pfeife zeigt also folgendes Bild (Fig. 55a):

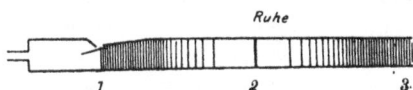

Fig. 55a: Stehende Welle in der offenen Labialpfeife.

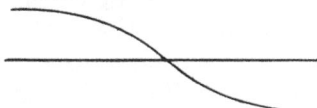

Fig. 55b: Das entsprechende Bild der Transversalwelle.

Das ist eine halbe stehende Welle. Die Länge einer offenen Orgelpfeife muß also gleich sein der halben Wellenlänge des Grundtones. Wir haben z. B. vorhin die Wellenlänge des Tons c^1 zu 1,28 m (ca.) berechnet. Eine offene Orgelpfeife, die als Grundton das c^1 geben soll, muß $\frac{1,28}{2}$ m = 0,64 m (ca.) lang sein.

b) Ist die Pfeife gedeckt, so kann das verschlossene Ende nur eine ruhende Schicht, eine Knotenschicht, sein, während der andere Teil ein halber Schwingungsbauch ist. Die Luftsäule schwingt, wenn sie ihren Grundton angibt, als ein Ganzes. Das Bild der stehenden Welle in einer gedeckten Orgelpfeife wird sich also folgendermaßen gestalten (Fig. 56a):

Fig. 56a: Stehende Welle in der   Fig. 56b: Das entsprechende Bild
    gedeckten Labialpfeife.   der Transversalwelle.

Das ist eine Viertelwelle. Die Länge einer gedeckten Orgelpfeife muß also gleich sein dem vierten Teil der Wellenlänge des Grundtons. Eine gedeckte Pfeife, die als Grundton das c^1
geben soll, muß $\frac{1,28}{4}$ m $= 0,32$ m (ca.) lang sein.

Bemerkung. Die offene Pfeife muß also für denselben Ton doppelt
so lang sein als die gedeckte; wenn sie mit letzterer gleiche Länge hat, so
gibt sie ein um eine Oktave höheren Grundton. Die gedeckte Pfeife brauchtfür denselben Ton nur die Hälfte so lang zu sein als die offene; wenn sie mit
letzterer gleiche Länge hat, so gibt sie einen um eine Oktave tieferen Grundton.

3. Das Tönen der Labialpfeifen und Zungenstimmen.

Das Tönen der Labialpfeifen gründet sich, wie eingangs erwähnt, auf die Resonanz offener oder einseitig geschlossener Röhren,
deren Luftsäulen in stehende Schwingungen versetzt werden. Resonanz, vom lateinischen resonare, zurückschallen, ist die Verstärkung
an sich schwacher Töne durch mitschwingende Körper von entsprechenden Dimensionen. Der Ton der Klavier- und Violinsaiten, der in freier
Luft ein äußerst schwacher ist, wird erst durch die Resonanzböden
dieser Instrumente zu einem deutlich hörbaren verstärkt. Halten wir
die angeschlagene Stimmgabel über einen entsprechend weiten, an einem
Ende verschlossenen Resonanzkasten, dessen Länge $1/4$ der Tonwelle
des Stimmgabeltones beträgt, so wird der Ton der Stimmgabel verstärkt. Ist der Resonanzkasten beiderseits offen, so muß die Röhre
halb so lang sein als die Tonwelle des betreffenden Stimmgabeltones,
wenn eine Verstärkung durch Resonanz eintreten soll. Bei einem
längeren oder kürzeren Resonanzkasten findet keine Verstärkung des
gedachten Stimmgabeltones statt. Aus dem Gesagten geht in Übereinstimmung mit dem über stehende Wellen Gehörten hervor, daß sowohl
in der geschlossenen (gedeckten) als auch in der offenen Röhre durch
den an und für sich schwachen Stimmgabelton stehende Wellen erzeugt
werden, die den erregenden Ton verstärken. Bläst man mit dem Munde
über eine offene Pfeife oder über den Aufschnitt einer offenen oder gedeckten, so hört man unter einem Geschwirre von Tönen leise jenen
Ton, den die Luftsäule der betreffenden Pfeife verstärken kann. — Ist
der Wind aus der Windlade durch den Pfeifenfuß in die Windkammer
(Fig. 25 K) eingetreten, so geht das Ertönen der Labialpfeife
folgendermaßen vor sich:

Durch die Kernspalte strömt der bandförmige Luftstrom, dem Violinbogen vergleichbar, wenn er die Saite anstreicht, gegen den scharfen Rand des Oberlabiums, an welcher Stelle er sich »schneidet« oder »bricht«. Dadurch werden die angrenzenden Luftschichten in Schwingungen versetzt. In der Röhre der Pfeife bilden sich fortschreitende Verdichtungen und Verdünnungen, also die Seite 55 bis 55 vorgeführten direkten Luftwellen. Dieselben pflanzen sich in der Pfeife fort, bis sie am Ende derselben reflektiert werden und durch Interferenz die stehende Welle bilden (Fig. 51 bis 54). Durch sie wird aus dem vorhin genannten Geschwirre und Geräusch vieler nahe aneinander liegender Töne der Eigenton der Pfeife, ihr tiefster Ton, verstärkt, worauf dieser im Verein mit seinen Obertönen (siehe später) als musikalischer Klang aus dem Geräusch heraustritt.

Bemerkung. Die Seite 48 genannten Bärte der Labialpfeifen haben, wie bereits gesagt, hauptsächlich den Zweck, den Luftstrom zusammenzuhalten, damit er sofort die stehende Welle erzeugt, wodurch eine schnelle und verhältnismäßig laute Ansprache der Pfeife erreicht wird.

Die Zungenstimme ertönt, sobald der durch das Windrohr in den Fuß einströmende Orgelwind die elastische Zunge in Schwingungen versetzt, wodurch unterbrochene Luftstöße in das Innere des Mundstückes erfolgen, welche den Ton erzeugen. Die Höhe desselben hängt ab von der Anzahl der Luftstöße, mithin von der Schwingungszahl der Zunge, wobei die Größe der letzteren, also ihre Länge, Breite und Schwere in Betracht kommt. Ist kein Schallbecher aufgesetzt, so wird der Ton dem Eigentone der Zunge entsprechen. Hat der Aufsatz, von der Spalte an gemessen, die halbe Wellenlänge des Eigentones der Zunge, so bilden sich wie in den offenen Labialpfeifen in der Aufsatzröhre stehende Wellen, welche den Grundton, den Eigenton der Zunge, wohl verstärken und klanglich veredeln, die Tonhöhe der Zungenpfeife aber nicht beeinflussen. Die Höhe des Tones ist dann gleich jener des Eigentones der Zunge. Durch andere Längen des Schallbechers wird der Ton der Zungenpfeife meist vertieft, niemals erhöht; andernfalls springt er wieder auf den Eigenton der Zunge hinauf. Die Vertiefung des Tones durch den längeren Schallbecher kommt daher, daß die am Ende der Röhre und an der Zunge reflektierten Wellen die Schwingungen der Zunge vergrößern und dadurch die Schwingungszahl derselben vermindern, so daß der Ton ein tieferer werden muß.

4. Obertöne.

Die bis jetzt behandelten Schwingungsformen sind die einfachsten, welche ein elastischer Körper machen kann. Sie erzeugen stets den Grundton. In der Regel schwingen aber die tönenden Körper gleichzeitig in der einfachsten Form und in komplizierteren Formen, d. h. sie schwingen als Ganzes und in einzelnen, voneinander unabhängigen Teilen. Durch diese zweite Schwingungsform entstehen die Obertöne (Aliquot-, Partial- oder Teiltöne) des Grundtones. Sie sind in der Regel schwächer als der Grundton und bestimmen durch ihre Anzahl, Art und Stärke in erster Linie die Klangfarbe, den Charakter des Tones, während die Höhe des letzteren von dem weitaus stärkeren Grundton abhängt. Töne, denen sehr viele Obertöne beigemischt sind, heißen reich, z. B. die Töne der Violine, der eng mensurierten Orgelpfeifen; solche mit wenig oder gar keinen Obertönen werden arm genannt, z. B. die Töne der Gedackte, der Stimmgabeln.

A. Die Obertöne gedeckter Pfeifen.

Wir haben gesehen, daß die Länge einer gedeckten Pfeife gleich dem vierten Teil einer stehenden Welle ist, wenn sie den Grundton gibt (Schwingungsbauch am Pfeifenmund, Knotenschichte am Deckel; Seite 64, Fig. 56 a).

Nehmen wir zum leichteren Verständnis die Viertelwelle der Transversalwelle, so gibt uns Fig. 57 a das Bild der Viertelwelle des Grundtones.

Fig. 57 a.

Teilt sich eine Luftschicht von der Länge dieser Viertelwelle (Fig. 57 a) in mehrere — selbstverständlich kleinere — unabhängig voneinander schwingende Teile, so wird die Röhre entweder $^3/_4$ oder $^5/_4$ oder $^7/_4$ usw. einer stehenden Welle enthalten, und zwar muß an der Mundöffnung stets ein Schwingungsbauch, am Deckel eine Knotenschicht entstehen. Die erste Teilung der Viertelwelle (Fig. 57 b) enthält $^3/_4$, die zweite Teilung (c) $^5/_4$ einer stehenden Welle. Die dritte Teilung würde $^7/_4$, die vierte Teilung $^9/_4$ einer stehenden Welle enthalten usw.

Fig. 57 b.   Fig. 57 c.

Daraus geht hervor, daß die Schwingungszahl des ersten Obertones einer gedeckten Pfeife das Dreifache, die Schwingungszahl des zweiten Obertones das Fünffache, die des dritten Obertones das Siebenfache usw. der Schwingungszahl des Grundtones beträgt. Somit verhält sich die Schwingungszahl des Grundtones einer gedeckten Pfeife zu den Schwingungszahlen der Obertöne derselben Pfeife wie die Anzahl der in ihr enthaltenen Viertelwellen, also wie die ungeraden Zahlen 1 : 3 : 5 : 7 usw.

Ist das Verhältnis der relativen Schwingungszahlen der Töne einer Oktave:

$$c : d : e : f : g : a : h : c$$
$$24 : 27 : 30 : 32 : 36 : 40 : 45 : 48,$$

so muß eine gedeckte Pfeife, z. B. das große C, mit der relativen Schwingungszahl 24 als Obertöne erklingen lassen:

1. den Ton, welcher sich zum Grundton (24) verhält wie 1:3, der also die relative Schwingungszahl 72 hat. Das ist, wenn G derselben Oktave die relative Schwingungszahl 36 besitzt, das G der nächsten Oktave nach C, also klein g;

2. den Ton, welcher sich zum Grundton verhält wie 1:5, der also die relative Schwingungszahl 120 hat. Das ist, wenn E derselben Oktave die relative Schwingungszahl 30 aufweist, das E der zweiten Oktave nach C, also eingestrichen e usw.

B. Die Obertöne offener Pfeifen.

Die Länge einer offenen Pfeife ist gleich der Hälfte einer stehenden Welle, wenn sie den Grundton gibt (ein Schwingungsbauch an jedem Ende der Röhre, in der Mitte eine Knotenschicht; Seite 63, Fig. 55a).

Teilt sich die Luftschicht in Fig. 58a in einzelne, unabhängig voneinander schwingende Teile, so wird die Röhre entweder $^2/_2$ oder $^3/_2$ oder $^4/_2$ oder $^5/_2$ usw. einer stehenden Welle enthalten, und zwar muß die Röhre 2, 3, 4, 5 usw. Knotenschichten zwischen den an den Enden befindlichen Schwingungsbäuchen aufweisen. Die erste Teilung der halben stehenden Welle (Fig. 58b) enthält $^2/_2$, die zweite Teilung (c) $^3/_2$, die dritte Teilung (d) $^4/_2$ einer stehenden Welle. Die vierte Teilung würde $^5/_2$, die sechste Teilung $^6/_2$ einer stehenden Welle enthalten usw.

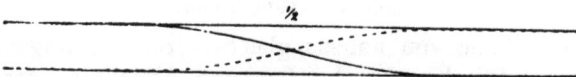

Fig. 58 a.

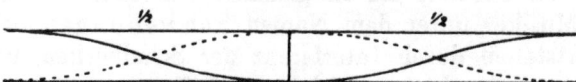

Fig 58 b.

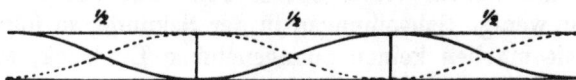

Fig. 58 c.

Fig. 58 d.

Daraus geht hervor, daß die Schwingungszahl des ersten Obertones einer offenen Pfeife das Zweifache, die Schwingungszahl des zweiten Obertones das Dreifache, die des dritten Obertones das Vierfache, die des vierten Obertones das Fünffache usw. der Schwingungszahl des Grundtones beträgt. Somit verhält sich die Schwingungszahl des Grundtones einer offenen Pfeife zu den Schwingungszahlen der Obertöne derselben Pfeife wie die Anzahl der in ihr enthaltenen halben Wellen, also wie die Reihe der Zahlen 1:2:3:4:5 usw. Nach dem oben gegebenen Verhältnis der relativen Schwingungszahlen der Töne einer Oktave gibt eine offene Pfeife, z. B. das große C mit der relativen Schwingungszahl 24 als Obertöne:

1. das kleine c . . .		$2 \cdot 24 = 48$
2. das kleine g . . .	mit der	$3 \cdot 24 = 72$
3. das eingestrichene c	relativen	$4 \cdot 24 = 96$
4. das eingestrichene e	Schwingungs-	$5 \cdot 24 = 120$
5. das eingestrichene g	zahl	$6 \cdot 24 = 144$
usw.		usw.

Bemerkung. Die Seite 65 bis 68 besprochenen Obertöne, welche wir harmonische nennen wollen, stehen in einem sehr einfachen Schwingungsverhältnis zum Grundton; sie konsonieren mit diesem. Die offenen Labialpfeifen sind reicher an Obertönen als die gedeckten, denen die geradzahligen Partialtöne fehlen. Aus diesen Verhältnissen ist aber auch ersichtlich, daß Pfeifen, welche die Oktave, die Quinte oder die Terz des Grundtones angeben sollen, bloß $\frac{1}{2}$, $\frac{2}{3}$ oder $\frac{1}{5}$ der Pfeifenlänge des Grundtons bedürfen. Siehe Seite 73 und 74: Neben-, Hilfs-, Füllstimmen und Mixturen.

5. Schwebungen, Dissonanzen, Kombinationstöne (Differenz-, Summations- und Variationstöne).

Wenn zwei Töne von nahezu gleicher Höhe erklingen, empfindet das Ohr ein periodisches Anschwellen und Abnehmen der Tonstärke, eine Reihe von Stößen, die in gleichen Zeitteilen aufeinanderfolgen und jedem Musiker unter dem Namen Schwebungen bekannt sind. Dieselben entstehen durch Interferenz der Schallwellen, und zwar ist die Anzahl der Schwebungen gleich der Differenz, welche die Schwingungszahlen der beiden erklingenden Töne aufweisen. Ergibt diese Differenz nur wenige Schwebungen in der Sekunde, so folgt ihnen das Ohr leicht; sie machen keinen unangenehmen Eindruck, wie z. B. das mit Maß und Ziel angewendete Tremulieren auf der Violine. Bei einigen Orgelregistern, den sog. tremulierenden Stimmen, z. B. bei Voix céleste (Seite 82), Unda maris und Bifara (Tibia bifaris = doppelt redende Pfeife) werden diese Schwebungen sogar praktisch verwendet, um Tremulant (Seite 98) zu ersetzen und dem Ton des betreffenden Registers ein leichtes Beben zu geben. Zu diesem Zwecke stellt man auf eine Kanzelle zwei Pfeifen und stimmt die eine mit Prinzipal ein, die andere aber um einige Schwebungen tiefer. Bifara hat oft bloß eine Pfeife auf der Kanzelle; die Pfeifen dieses Registers sind aber zu einer sanften Stimme, z. B. zu Salicional tieferschwebend gestimmt, wodurch beim gleichzeitigen Erklingen der beiden Register ebenfalls eine dem Tremulant ähnliche Wirkung erzielt wird.

Bedingt die Differenz der Schwingungszahlen zweier gleichzeitig erklingenden Töne, z. B. des Grundtones und seiner Sekunde mehr als 20 Stöße in der Sekunde, so wird das Ohr durch letztere ebenso unangenehm berührt als das Auge durch flackerndes Licht, weil unser Gehörorgan die einzelnen Stöße nicht mehr auseinanderhalten kann. Wir sprechen dann von einer Dissonanz.

Ist die Differenz der Schwingungszahlen zweier stark erklingenden Töne größer als 30, so hört man außer diesen beiden Tönen noch einen dritten, den sog. Kombinationston. Die Kombinationstöne sind wirkliche Töne und ihre Schwingungszahl ist gleich der Anzahl von Stößen, welche die beiden ursprünglichen (primären) Töne miteinander geben; sie ist also gleich der Differenz der Schwingungszahlen der primären Töne, weshalb diese akustischen Töne auch Differenztöne genannt werden. Sehr stark, fast ebenso stark wie die primären Töne, hört man die Differenztöne an einer in Rotation versetzten stark angeblasenen mehrstimmigen Sirene. Am Harmonium und bei Physharmonika treten die Differenztöne ebenfalls ziemlich stark, mitunter sogar störend hervor. Auf der A- und E-Saite der Violine heftig angestrichene Sexten oder reine Quinten sind von zumeist deutlich hörbaren Kombinationstönen begleitet.

Klingen die verhältnismäßig stark angeblasenen Orgelpfeifen C (64 Schwingungen in der Sekunde) und G (96 Schwingungen in der Sekunde) nebeneinander stehend gleichzeitig, so erscheint deutlich der Differenzton C^1 (Kontra-C) mit 32 Schwingungen in der Sekunde (siehe Fig. 59); D und A geben D^1 usw. Wie bereits früher bemerkt, werden nicht selten akustische Töne als tiefe Orgeltöne in der Praxis benutzt, weil durch ihre Anwendung eine Anzahl großer kostspieliger Pfeifen entbehrlich wird (siehe Seite 77). Dieser »billige« akustische Ton ist in der Regel wirksamer und deutlicher als der einer besonderen 32 füßigen Labialstimme, z. B. Kontrabaß oder Untersatz (Seite 81 und 87). — Der englische Physiker Thomas Young († 1829) suchte die Entstehung der Kombinationstöne auf die vorhin genannten Schwebungen zurückzuführen. Er nahm an, daß der Gesamteindruck der Stöße, welche zu schnell sind, um einzeln unterschieden zu werden, als ein eigener Ton hörbar werde. Zu dieser Annahme kam Young, weil,

wie gesagt, die Schwingungszahl des Differenztones stets mit der Zahl
der Stöße übereinstimmt. Fig. 59 zeigt, wie nach Young die nächst
tiefere Oktave des Grundtones als Kombinationston mitklingt, wenn
neben dem Grundton noch seine Quinte ertönt.

Fig. 59.

G · · · · · · · · · · · · · · · ·

C ·   ·   ·   ·   ·   ·   ·   ·   ·   ·   ·

C¹ ·   ·   ·   ·   ·   ·

usw.

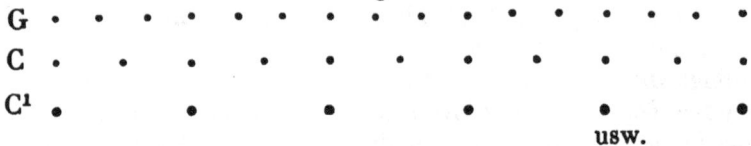

Jeder zweite Stoß der mittleren Reihe (C) fällt hier mit einem
dritten der oberen Reihe (G) zusammen; mithin werden die verstärkten
Stöße in solchen Intervallen hervorgebracht, wie sie die untere Reihe
zeigt. Letztere stellt aber die nächst tiefere Oktave des Tones C, nämlich C¹ dar. — Diese Erklärung der Entstehung von Kombinationstönen
bedarf aber, wie der große Physiker Helmholtz († 1894) in seinem
grundlegenden Werke: »Die Lehre von den Tonempfindungen« gezeigt
hat, noch wesentlicher Modifikationen, weil Schwebungen auch bei
schwachen Klängen wahrnehmbar sind, während sich die Kombinationstöne nur beobachten lassen, wenn die primären Töne recht
kräftig sind. Nach seiner Ansicht entstehen Kombinationstöne, »wenn
irgendwo die Schwingungen der Luft oder eines anderen elastischen
Körpers, der von beiden primären Tönen gleichzeitig in Bewegung
gesetzt wird, so heftig werden, daß die Schwingungen nicht mehr
als unendlich klein betrachtet werden können«. Unter der Voraussetzung, daß die Luftvibrationen, welche durch den Schall erzeugt
werden, nur dann einfache pendelartige Schwingungen sind, wenn sie
von sehr kleiner Amplitude sind, daß dies aber für Schwingungen besonders kräftiger Töne nicht mehr genau zutrifft, bewies Helmholtz
sodann auf rein mathematischem Wege, daß starke Schwingungen
auch noch sekundäre Wellen erzeugen, welche als Kombinationstöne ans Ohr schlagen. Diese Rechnung zeigte ihm aber zugleich
theoretisch noch eine zweite Art von Kombinationstönen, welche er
Summationstöne nannte und deren physikalische Existenz Helmholtz auch experimentell nachwies. Die Schwingungszahlen der Summationstöne sind gleich der Summe der Schwingungszahlen der ursprünglichen Töne. Die Summationstöne sind schwächer als die Differenztöne
und im allgemeinen mit den ursprünglichen und den Differenztönen
unharmonisch. So z. B. geben c und e mit den relativen Schwingungszahlen 24 und 30 den Summationston d¹ mit der Schwingungszahl 54.
Einige der Summationstöne sind ebenfalls am Harmonium und an
der mehrstimmigen Sirene leicht wahrzunehmen. — Erwähnt seien

noch die sog. Variationstöne, auf welche der Wiener Physiker Dvořák 1874 aufmerksam machte. Gewisse im Zimmer erzeugte Töne steigen allmählich in die Höhe oder sinken in die Tiefe. Im Freien kann man solche Töne nicht erhalten. Daraus folgt, daß diese Art von Kombinationstönen durch Vereinigung der direkten Schallwellen mit den von den Zimmerwänden reflektierten entsteht.

IV. Das Stimmen der Pfeifen.

Das Stimmen der offenen Metallpfeifen geschieht mittels des Stimmhornes, eines trichterförmigen Instrumentes mit einem Kegel und Hohlkegel. Erweitert man den oberen Teil der Pfeife, so wird der Ton derselben höher; reibt man den Pfeifenrand etwas zusammen, so erklingt die Pfeife tiefer. Die offenen Holzpfeifen haben teilweise oben eine sog. Stimmplatte (Tafel II, *32*). Biegt man dieselbe auf den Pfeifenrand zu, so wird der Pfeifenton tiefer; durch Aufwärtsbiegen der Stimmplatte erhöht er sich. Eine neue, recht zweckmäßige Stimmvorrichtung offener Labialpfeifen sind die Stimmrollen und Stimmschieber (Fig. 60 und 61). Um dieselben anbringen zu können, wird die Pfeife etwas länger gefertigt, als es ihr Ton verlangt. Hierauf schneidet

 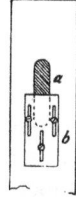

Fig. 60.   Fig. 61.

man unterhalb des offenen Pfeifenrandes — den Mensurverhältnissen (Seite 72 ff.) angemessen — eine rechteckige Öffnung in die Pfeife, den Stimmschlitz. Bei den Zinnpfeifen hängt der ausgeschnittene Streifen am unteren Ende noch mit dem Pfeifenkörper zusammen, während der obere Teil des Zinnstreifens so weit aufgerollt wird, als es die Stimmung verlangt (Fig. 60 a und b). Verlängert man den Stimmschlitz durch Aufrollen des Zinkstreifens, so wird der Ton höher; umgekehrt — tiefer. Bei den Holzpfeifen wird die Öffnung durch einen Schieber verengert und erweitert (Fig. 61 a und b).

Gedeckte Labialpfeifen werden höher gestimmt, wenn man den Hut oder Stöpsel (Fig. 26, Seite 48) einwärts klopft; tiefer, wenn man ihn auswärts zieht. — Die Zungenstimmen werden mittels der Krücke (Fig. 29, 6) gestimmt. Durch letztere kann man die Zunge verlängern oder verkürzen, die Schwingungen derselben also langsamer oder schneller machen und dadurch die Zungenpfeife stimmen. Zieht man nämlich die Krücke nach aufwärts, so wird die Zunge verlängert und der Ton tiefer; schiebt man die Krücke abwärts, so wird die verkürzte Zunge einen höheren Ton geben.

Bemerkung. Es ist eine ganz irrige, aber vielfach verbreitete Ansicht, daß sich die Zungenregister leicht verstimmen. Die verschiedensten Ver-

suche haben das Gegenteil bewiesen. Ist eine Verstimmung der Orgel eingetreten, so sind es in der Regel die bei warmer Temperatur in der Stimmung
hinauf-, bei anhaltendem Frost heruntergehenden Labialstimmen, welche
sich verändert haben. Da aber die Orgel verhältnismäßig wenig Rohrstimmen
hat, so ist es geratener, diese Register nachzustimmen. Bei gut konstruierten
und intonierten Zungenwerken wird man dabei auf keine besonderen Schwierigkeiten stoßen.

V. Mensur der Pfeifen.

Der gewaltige, von keinem anderen musikalischen Instrumente
erreichte Tonumfang der Orgel vom Subkontra C bis in die sechs-
gestrichene Oktave erfordert Pfeifen der verschiedensten Größe und
Weite. Die Verhältnisse der Länge, der Weite und des Aufschnittes
der Labialpfeifen nennt man die Mensur derselben. Bei den Zungenpfeifen versteht man unter der Mensur das Verhältnis zwischen
Länge, Breite und Dicke der Zunge. Die genannten Maße haben einen
wesentlichen Einfluß auf Tonhöhe, Stärke, Klangfarbe und Ansprache
der Pfeifen. — 1. Von der Länge der Pfeifen (auch von der Art des
Anblasens) hängt die Tonhöhe derselben ab. Sie ist der Pfeifenlänge
umgekehrt proportional: Je kürzer die Pfeife, desto kleiner die Wellenlänge, desto größer die Schwingungszahl in der Sekunde, desto höher
der Ton; je länger die Pfeife, desto länger ist der Weg, den die direkte
Welle zurückzulegen hat, bis sie reflektiert wird, desto kleiner die
Schwingungszahl, desto tiefer der Ton. Subkontra-C, 32 Fuß lang,
macht 16; eingestrichen C, 2 Fuß lang, macht 256; sechsgestrichen C,
$1/_{16}$ Fuß lang, macht 8192 Schwingungen in der Sekunde. Die große
Orgel in Sidney (Seite 89) hat eine Pedalposaune von 64 Fuß. Doch
dürfte die wirkliche Brauchbarkeit eines solchen Registers zu bezweifeln
sein. In unseren Orgeln finden wir Pfeifen von 32 Fuß bis zu 1 Zoll
(vom Aufschnitt der Pfeife bis zu ihrer Mündung gerechnet). Die Orgel
der St. Trinitaskirche zu Libau (Kurland) besitzt ein Kontra-C aus
Zinn, das 32 Fuß lang ist und 14 Zentner wiegt. Das große C, der tiefste
Ton, den die menschliche Stimme zu erreichen vermag, wird durch
eine offene Pfeife von 8′ Länge hervorgebracht, das Kontra-C durch
einen 16′, das Subkontra-C durch einen 32′ oder durch einen gedeckten
16′, das kleine c durch eine offene Pfeife von 4′ oder durch eine gedeckte
von 2′ usw. Siehe auch Register und Registergattungen, Seite 73 ff.
— 2. Die Weite und Gestalt der Pfeife üben auf die Tonhöhe keinen
Einfluß aus, wohl aber auf die Stärke des Klanges und auf die Klangfarbe, welche, abgesehen von dem Pfeifenmaterial, abhängig ist von der
Zahl, Höhe und Stärke der Obertöne (Seite 65 bis 68). Es gibt in dieser
Hinsicht eine weite, mittlere und enge Mensur. Weit mensurierte
Pfeifen geben einen vollen, runden, dicken, wenig obertönigen, deshalb

oft dumpfen Ton, z. B. Prinzipal und Gedackt. Der Ton solcher Register
eignet sich besonders für große Räume; man findet diese Stimmen
vorzugsweise auf dem Hauptmanual. Die Register kleinerer Orgeln und
die der Obermanuale haben in der Regel eine mittlere Mensur; ihr Ton
ist etwas dünner und schwächer als jener der weitmensurierten Stimmen.
Pfeifen von scharfem, streichendem, schneidendem, mehr obertönigem
Klang, wie Geigenprinzipal und Gamba, aber auch zarte, singende
Register, wie Salicional und Dolce, haben eine enge Mensur. Bei den
Zungenstimmen hängt die Höhe hauptsächlich von der Beschaffenheit
des Mundstückes, speziell von der Länge der Zunge ab; doch muß auch
die Größe des Schallbechers stets im richtigen Verhältnis zu den Ton-
schwingungen stehen. Die Klangfarbe wird bedingt von der Art und
Weise, wie die Zunge schwingt, von der Flächengröße und dem Material
der Zunge, von der Form und dem Material des Schallbechers und
von der Stärke des Luftzuflusses. Näheres lehrt die Akustik und nicht
zuletzt die Praxis. — 3. Die Höhe und Breite des Aufschnittes ist
von Einfluß auf die Ansprache, die Klangfarbe und den Toncharakter
der Pfeife. Ein niedriger Aufschnitt macht den Ton scharf, ein hoher
läßt ihn laut und voll erklingen (Seite 47).

VI. Register.

Register (Orgelstimme) nennt man jede nach unserem Tonsystem
geordnete Reihe Pfeifen von einerlei Struktur und Klangfarbe. Die
meisten Register erstreckten sich vom tiefsten bis zum höchsten Ton
des Manuals oder Pedals; doch gibt es auch sog. halbierte Stimmen,
welche nur durch die oberen oder unteren Oktaven gehen, z. B. Oboe,
Fagott. Auf den Registerknopf oder auf die Registertaste schreibt man
den Namen des Registers und das Tonmaß desselben. Es ist dies
jene Fuß-Zahl, welche angibt, ob die Pfeifen der betreffenden Orgelstimme ihrer Notation gemäß, oder eine bzw. mehrere Oktaven höher
oder tiefer als die erstgenannten klingen, oder ob sie die Quinten oder
Terzen oder Septime zu den Pfeifen anderer Register geben: 8'; 4';
2'; 16'; 32'; 2²/₃', 1³/₅'; 1¹/₇'. Dieses Tonmaß bezieht sich durchaus
nicht auf irgendeine Pfeifenlänge, wenn auch bei manchen Registern
die Länge der offenen Pfeife ihres tiefsten Tones mit der Zahl des Ton-
maßes übereinstimmt. Die Gedackte z. B. sind nur halb so lang als die
offenen Labialpfeifen. Eng mensurierte Pfeifen sind durchschnittlich
etwas länger als weitmensurierte (vgl. Gamba mit Prinzipal). Bei
manchen Registern, besonders bei den Rohrwerken, entspricht die
Länge der größten Pfeife überhaupt nicht der angegebenen Fußzahl.
Bekanntlich weiß die Praxis die körperliche Größe einer Pfeife auf

mancherlei Art und Weise zu ersetzen. — Alle 8 füßigen Register und
die gedeckten 4-Fußstimmen lassen die Töne ihrer Notation gemäß,
d. h. in derselben Höhe wie die gleichen Tasten des Klaviers erklingen.
Die 4- und 2 füßigen Register klingen eine bzw. zwei Oktaven höher;
die 16- und 32 füßigen Stimmen ein bzw. zwei Oktaven tiefer als der
8-Fußton. Die Pfeifen der Quintregister, welche nicht den Ton der
Taste sondern die Quinte desselben angeben, erfordern nach den Ausführungen Seite 66 ff. bloß $^1/_3$, die der Terzregister, welche als Terzen
der Tastentöne erklingen, nur $^1/_5$ der Pfeifenlänge des betreffenden
Grundtones. Siehe auch Seite 74 und 77 ff. — Die Register benennt
man entweder nach der Gestalt und Größe ihrer Pfeifen (Spitzflöte,
Oktave) oder nach dem Instrument, dessen Klang sie nachahmen
(Posaune, Klarinette), oder nach ihrer Rangstufe (Prinzipal) usw.

VII. Registergattungen.

Faßt man das Verhältnis des erklingenden Tones zum notierten
ins Auge, so kann man sämtliche Register in 3 Gattungen einteilen:
In Grund-, Neben- und gemischte Stimmen.

1. Haupt- oder Grundstimmen. Sie geben, abgesehen von
der Höhe, stets den Ton an, dessen Namen die betreffende Taste trägt,
müssen in der Orgel der Zahl und Kraft nach überwiegen und beim
Spiel am häufigsten zur Verwendung kommen, weil sie die »ohrgerech-
teste« Musik abgeben und sowohl einzeln als auch in Verbindung mit
anderen Grundstimmen gebraucht werden können. Alle 32′, 16′, 8′, 4′
und in gewisser Beziehung auch die 2′ und 1′ Register gehören hierher.
Unter ihnen haben als Grundlage aller Registrierung im Manual
die 8′- und die gedeckten Register im 4′-Ton, sodann im Pedal — als
Baß zu diesen Stimmen — die 16 füßigen Register vorzuherrschen
(siehe Registrierung, Seite 105 ff.). Zu den Grundstimmen gehören
sämtliche Prinzipale und Oktaven, die Flötenstimmen, Streicher, Gedackte und alle Rohrwerke.

2. Die Neben-, Hilfs- oder Füllstimmen, deren Pfeifen
einen anderen Ton als den der Taste angeben, sind die bereits genannten
Quint- und Terzregister. Als Septime ($2^2/_7$′ oder $1^1/_7$′) kommen sie nur
in großen Werken vor. Die Hilfsstimmen haben den Zweck, im Verein
mit den ebenfalls unselbständigen 1-, 2- und 4 füßigen Grundstimmen
die Schallkraft der Orgel zu vermehren und dem Orgelton Frische,
Fülle und Glanz zu verleihen. Sie können allein nicht gebraucht
werden, weil sie bloß die Obertöne der tieferen Haupttöne darstellen,
und erfordern deshalb eine genügende Deckung durch die (tieferen)
Grundstimmen (siehe Registrierung, Seite 105 ff.).

3. Die gemischten Stimmen oder Mixturen (von miscere,
d. h. mischen) lassen auf jeder Taste mehrere Pfeifen als zusammen-
gehörige Pfeifenchöre erklingen und geben zu dem Tone der Taste
entweder die Quinte oder die Quinte und Terz an, umfassen wohl auch
bloße Quinte und Terz allein. Sie gehören ebenfalls zu den unselbständigen, die Aliquottöne angebenden Füllstimmen, welche dem
Orgelton einen eigentümlichen hellen Klang verleihen, dazu eine Ver-
einfachung der Windladen und Erleichterung des Registrierens bewirken. Die meisten gemischten Stimmen enthalten kleine und kleinste
Pfeifen. Diese Register werden gleich den anderen nach der Größe
des tiefsten Chortons benannt, z. B. Mixtur $2^2/_3'$ heißt, der tiefste Ton
des C-Chors ist Quinte $2^2/_3'$. Diesen Stimmen wird weiter noch bei-
gefügt, wie viel Pfeifen auf einem Chor stehen; z. B. nennt man eine
Mixtur, die auf einem Tone 4 Pfeifen hat, 4fach, Kornett mit 5 Pfeifen
5fach usw., d. h. es erklingen auf einer Taste 4, 5 oder mehr Töne.

VIII. Die gebräuchlichsten Orgelregister, deren Mensur, Toncharakter und zweckmäßige Verbindung. Winke für das Registrieren.

(Siehe auch Seite 105 bis 107.)

Wir wissen aus dem bereits Gehörten, daß die einzelnen Orgelstimmen, abgesehen von der Tonhöhe, verschiedene Klangfarbe, Tonstärke und Tongebung (Ansprache) haben. Diese Eigenschaften bilden
den Toncharakter des betreffenden Registers. Derselbe ist abhängig
von der Intonation, von der Struktur (Seite 45), von der Stellung der
Labien und Bärte, von der Anzahl und Tiefe der sog. Kernstiche, jener
kleinen Einschnitte und Riefen in der Kernspalte gewisser Metallpfeifen, von der Einrichtung der Stimmschlitze (Seite 71), von der
Akustik des Raumes und anderen Faktoren. Durch die Intonation
werden die Pfeifen zur kunstgerechten Ansprache gebracht, die verschiedenen Töne ausgeglichen, verschönert und eingestimmt, kleine
Veränderungen am Aufschnitt der Labialpfeifen oder an der Zunge der
Rohrwerke vorgenommen und dadurch etwaige Ungleichheiten in der
Klangfarbe beseitigt. Hier zeige sich der Orgelbauer als erfahrener
Praktiker und feinfühlender Künstler! Was den Einfluß der Akustik
auf den Toncharakter, besonders auf die Tonstärke anbelangt, so möge
hier die Tatsache berührt werden, daß bei vielen tiefen Registern, meist
aber bei Subbaß oder sonstigen gedeckten Pfeifen, ein und derselbe
Ton an einer gewissen Stelle der Kirche besonders mächtig, einige
Schritte davon kaum hörbar klingt. Über solche akustische Eigentümlichkeiten schreibt Professor Dr. Forster in Bern: »Man würde

dem Orgelbauer bitter unrecht tun, wenn man diese Erscheinung einer mangelhaften Konstruktion des Werkes zur Last legen wollte. Verstärkungen und Abschwächungen des Tones, namentlich eines solchen von großer Wellenlänge und großer Intensität an einzelnen Punkten einer Kirche, können sowohl durch Resonanz als auch durch Interferenz der direkten und reflektierten Wellen entstehen. Ob diese Erscheinungen auftreten oder nicht, wird durch die Form und Raumverhältnisse des Innern der Kirche bedingt.« (Siehe auch »Tonpsychologie« von Professor Dr. C. Stumpf; Leipzig, Hirzel).

Nach ihrem Toncharakter teilt man die Register in sog. Chöre: Prinzipal-, Geigen-, Flöten-, Gedacktchor und in Zungenwerke ein. Die gebräuchlichsten Register dieser Gruppen sind folgende:

1. Der Prinzipalchor.

Er bildet die Grundklangmasse der Orgel, das eigentliche Fundament des Orgeltones, besteht aus offenen Pfeifen und umschließt die Prinzipale, Füllstimmen und Mixturen.

1. Die Prinzipale, aus Metall (Zink oder Zinn) von zylinderförmiger, aus Holz von prismatischer Form, erhalten weite Mensur, hohen Aufschnitt und vielen Luftzufluß, damit ihr von den fünf ersten Obertönen begleiteter, stark angeblasener Grundton majestätisch, markig, edel, breit und dominierend klingt und die Pfeifen leicht ansprechen. — Das Prinzipal wird in jeder Orgel ohne Ausnahme angetroffen und bildet als Hauptlabialstimme von englischem, poliertem Zinn im Prospekt (16′ oder 8′) durch seinen Silberglanz die schönste Zierde der Orgel, wie auch durch solche Aufstellung die Wirkung dieses wichtigsten Registers erhöht wird. Kleinere Orgeln haben im Manual in der Regel ein Prinzipal 8′. Zu 4′ kommt diese Stimme nur noch im ersten Manual älterer kleinerer Orgeln vor. Aus Sparsamkeit werden die größeren Pfeifen des Prinzipals, auch die anderer Zinnregister nicht selten von Holz, in neuerer Zeit auch von Zink gefertigt. Der Verwendung billigeren Materials ist aber nur dann zuzustimmen, wenn es der Orgelbauer versteht, durch die Kunst der Intonation den Übergang von einem Material zum anderen bis zur Unmerklichkeit auszugleichen. Große Orgeln haben in der Regel ein Prinzipal 16′ und 8′ im ersten Manual.

Bemerkung. Manche Orgelbauer mensurieren aus naheliegenden Gründen gewisse Stimmen, besonders die Prinzipale, zu eng. Dadurch wird allerdings weniger Material verbraucht, die Orgel ist billiger oder der Gewinn größer. Ein solches Werk hat aber auch keinen sonoren, vollen Orgelton, sondern den Klang eines großen Harmoniums. — Die Prinzipalbässe

(32' offen und nur in sehr großen Werken), 16' und 8' im Pedal, werden in der Regel aus Holz gefertigt, reich mensuriert und noch kräftiger intoniert als die des Hauptmanuals; sie entwickeln eine ganz besondere Kraft.

Jedes Prinzipal muß von höheren Oktaven begleitet werden, welche mit der Hauptstimme gleiche Mensur und Klangfarbe haben sollen. Diese künstlichen Obertöne verschmelzen dann mit dem grundtönigen Register und geben ihm erst die oben genannten Eigenschaften. Ein Prinzipal 16' erfordert die Oktave 8', 4' und 2'; Prinzipal 8' die 4- und 2füßige Oktave. In den kleineren Orgeln ohne Mixtur sind helle Oktaven unentbehrlich. Die Oktave 4' im Hauptmanual ist eine der wichtigsten unter den Orgelstimmen. — Wie das Hauptmanual, so sollte auch jedes Nebenmanual ein Prinzipal erhalten (kleinere und mittlere Werke Geigenprinzipal 8').

Bemerkung. Der Ton der Prinzipalstimmen wird durch seine Vereinigung mit den weichen und sanften offenen und gedeckten Flötenstimmen (Seite 83) voller und milder.

2. Die Füllstimmen Quinte und Terz richten sich in ihrer Größe nach jenem (größten) Prinzipalregister, welches mit ihnen zu einem und demselben Manual oder Pedal gehört. Dem Prinzipal 32' entspricht ein $10^2/_3'$, dem 16' ein $5^1/_3$, dem 8' ein $2^2/_3'$ des Quintregisters. Dem Prinzipal 16' entspricht ein $3^1/_5'$, dem 8' ein $1^3/_5'$ des Terzregisters. Es ist selbstverständlich, daß die Nebenstimmen — auch bei den Mixturen soll dies der Fall sein — insgesamt etwas schwächer intoniert sein müssen als der Grundton, daß ihre Pfeifen deshalb genügend weite Mensur, entsprechenden Aufschnitt und nur mäßigen Luftzufluß beanspruchen, damit sie einen möglichst obertonfreien Klang geben können.

Bemerkung. »Quinte $2^2/_3'$, Oktave 2', Terz $1^3/_5'$, Septime $1^1/_7'$, Oktave 1', ferner die kleinen Pfeifen der Mixturen, Kornetts, Scharfs, Zymbeln u. dgl. dürfen nicht selbständige Terzen, Quinten etc. erklingen lassen, sondern sie sollen insgesamt nur die künstlichen Obertöne zu Prinzipal 8' bilden und diesem eine klare, helle, bestimmte und glänzende Klangfarbe verleihen.« (Dienel, Die moderne Orgel, Seite 5.)

Unter den Quintstimmen, z. B. Gedacktquinte, Offenquinte usw. ist der zum Pedal 32' gehörige Quintbaß $10^2/_3'$ (Großnassat $10^2/_3'$) die wichtigste, weil durch ihn mit einer 16füßigen Stimme der akustische 32 Fußton erzeugt wird (Seite 69). Die Quinte findet man außer mit Prinzipalmensur und zylindrischen auch mit konischen Pfeifenkörpern, z. B. die Manual- und Pedalstimme Spitz- oder Nassatquinte. — Die Terz (Tertia) ist ein offenes Zinnregister (Flötenton in Prinzipalmensur) im $3^1/_5$- oder $1^3/_5$-Fuß und sollte nur in reicher disponierten Orgeln auftreten. Sie wird vielfach mit konischen Körpern gebaut.

3. Die Mixturen.

a) **Die eigentliche Mixtur,** die älteste und gebräuchlichste gemischte Stimme aus Metall mit Prinzipalmensur, besteht aus Oktav- und Quintchören. Kleinere Mixturen lassen sich nicht durch vier Oktaven führen, weil man die »überkleinen« Pfeifen der oberen Regionen nicht mehr herstellen, stimmen und anhören könnte, der »Chor« dort auch keine Wirkung mehr hätte. Will man dennoch solche Mixturen durchführen, so läßt man sie repetieren, d. h. man bricht in der oberen Oktave die Reihe ab, läßt letztere auf einem tieferen Ton, etwa auf f, f^1 und f^2 oder g, g^1 und g^2 wieder einsetzen und führt sie fort. Doch muß bei der Repetition dadurch Abwechslung geschaffen werden, daß man die wiederkehrende Gruppe mit dem zweiten Tone beginnen läßt. Oft ist Mixtur in einem kleineren Werke die einzige gemischte Stimme; dann ist es gut, dieselbe durch die ganze Klaviatur zu führen und die Terz in der Mitte beizufügen. Die älteren großen Orgeln hatten Mixturen bis zu 12 Chören. Heute disponiert man Mixtur höchstens fünffach. Große Werke haben oft mehrere Mixturen im Manual und eine im Pedal. In kleineren Orgeln ist Pedalmixtur zu verwerfen. Die Mixtur, »das Gewürz zur Speise«, gehört nur zum vollen Werk, dem sie Schärfe und Bestimmtheit und einen silberartigen Glanz verleiht. Sie muß voll klingen, um den tiefen Tönen Deutlichkeit geben zu können, darf aber nicht schreiend sein. Ein großer Meister im Mixturbau war der bereits genannte Orgelbaumeister Gottfr. Silbermann. Hier sei auch **Progressiv-Harmonika** genannt, eine schöne, für kleinere Orgeln besonders empfehlenswerte Füllstimme. Dieselbe fängt in der Regel auf C mit dem dritten und vierten Oberton an und nimmt in den folgenden Oktaven zunächst den zweiten Partialton, dann den ersten (die Oktave) und schließlich den Grundton dazu, so daß sie von Oktave zu Oktave progressiv mehr (unten angefügte) Chöre erhält.

b) **Das Kornett,** in der Regel im 8′ Ton disponiert, ließ man sonst bei g oder c^1 beginnen. Besser wird es jedoch in neuerer Zeit auch nach unten, also bis C durchgeführt. Dann beginnt es mit $2^2/_3′$, 2′ $1^3/_5′$; bei c kommt dann 4′, bei g oder c^1 8′ (letzterer gedeckt) dazu. Die Hinzufügung einer Septime $1^1/_7′$ gibt dem Kornett ein besonderes Gepräge (Mannheim, Christuskirche).

Bemerkung. Ein mustergültiges Kornett steht in der Kirche zu St. Anna in Augsburg, das der bekannte italienische Orgelvirtuose E. Bossi als »magnifique« bezeichnete.

c) **Rauschquinte** ist eine zweichörige Stimme aus Zinn oder Metall und gibt, aus Quinte und Oktave bestehend ($2^2/_3′$ und 2′ oder $1^1/_3′$ und 1′), Quartengänge von füllender und rauschender Wirkung.

Kommt die Oktave 2' unter die Quinte $1^1/_3'$, dann entstehen Quinten-
gänge und das Register heißt Rauschflöte.

d) Sesquialtera (heißt »anderthalb«), eine zweifache Mixtur-
stimme mit Quinte ($2^2/_3'$) und Dezime ($1^3/_5'$) des Grundtones, hat Kornett-
mensur, ist schwach intoniert, gibt Sextengänge und kommt schon in
mittelgroßen Werken häufig im zweiten Manual vor. Sie verbindet
sich, entsprechend intoniert, vorzüglich mit Streichstimmen, prächtigen
Oboencharakter erzeugend. Ist die Terz der tiefere Ton, so entstehen
Reihen von kleinen Terzen und die Stimme heißt Tertian.

e) Scharf (Scharff), aus Zinn gefertigt, ist eine seltener anzutreffende Stimme, die, enger als Mixtur mensuriert, 3—5 fach gebaut
wird.

f) Zimbel, eine sehr eng mensurierte Mixtur, mit $^1/_2'$, $^2/_3'$ oder 1'
beginnend, meist 3 fach, seltener 4 fach, bei c, f, c^1, f^1, f^2 und c^3 repe-
tierend, ist bei stark besetzten Manualen einer größeren Mixtur im
$2^2/_3'$-Ton beizugeben. Sie bewirkt silberhellen Glanz (Mannheim,
Christuskirche; Augsburg, Ludwigsbau).

g) Larigot 2 fach, bestehend aus 2' und $1^1/_3'$ in Gambenmensur
aus Zinn, eine bei richtiger Intonation vorzüglich verwendbare Stimme,
die von Steinmeyer bei großen und mittelgroßen Werken im zweiten
und dritten Manual mit Erfolg angewendet wird (München, Graf
Saedt; Mainbernheim). Im Deutschen Museum in München steht ein
altes, kleines Werk, das diese Stimme enthält, welche von Steinmeyer
kopiert wurde.

Bemerkung. Die von c an genannten Register gehören in große Orgeln
und dort selbstverständlich nur zum vollen Werk.

2. Der Geigenchor (Charakterstimmen).

Er enthält klangvolle, streichende Register mit gesangreicher
Intonation und präziser Ansprache. Die Pfeifen dieser Stimmen haben
fast durchwegs enge Mensur mit minder hohem Aufschnitt und werden
in der Regel stark angeblasen, so daß ihr Grundton deutlich und kräftig
von einer Reihe von Obertönen begleitet wird, was dem Klange eine
gewisse Schärfe, eine geigenartige Farbe, den sog. »Strich« verleiht
und das Ohr an den Ton gewisser Streichinstrumente erinnert. Die
neuere Orgelbaukunst hat diese Gruppe von der leisen Äoline bis zum
kräftigen Violon in besonders glücklicher Weise zu Charakterstimmen umgestaltet, d. h. zu solchen Registern, deren Ton die Klangfarbe
eines bestimmten Orchesterinstruments nachahmt.

1. Geigenprinzipal 8' (Seite 76), ein hervorragendes Orgelregister aus Zinn, die tiefen Oktaven aus Zink oder Holz, mit enger

Mensur und ziemlich vielem Windzufluß, hat einen schneidenden und geigen- oder gambenartigen Ton, vertritt besonders im Nebenmanual oder im Schwellwerk den gesunden orgelmäßigen Ton und mischt sich gut mit Gemshorn 4'.

2. Violino (Violina) im 8-, 4- und 2-Fußton vorkommend, ist ein etwas scharfes, dem Ton des Geigenprinzipals ähnliches, sehr eng mensuriertes Zinnregister. Im 2' soll es die Violine nachahmen.

3. Viola (Viola d'amour) 8', zu 4' Violet genannt, ein fein streichendes, eng mensuriertes Zinnregister, mit wenig Windzufluß, ahmt den Ton der Bratsche nach und ist eines der schönsten Soloregister für Manual, mischt sich aber auch gut mit Wienerflöte, Gedackt und Traversflöte 4'.

4. Viola di Gamba oder kurzweg Gambe 8', sollte nur aus Zinn oder Metall hergestellt werden. Sie ist enger mensuriert als Geigenprinzipal, erhält mäßigen Windzufluß und geringen Aufschnitt und wird der prompten und grundtönigen Ansprache wegen meist mit Seiten- oder Vorderbärten (Seite 48) versehen. Um das Überblasen (Seite 84) zu verhindern und den Ton scharf streichend, fast rohrwerkartig und »mager« zu machen, wird die Gambe länger als Prinzipal oder Salicional gefertigt, auch oft mit dem »frein harmonique« versehen, das ist eine Vorrichtung, welche in einem schmalen Metallplättchen von der Länge der Mundöffnung besteht, das schräg zu dieser gestellt ist und auf einer verstellbaren Feder ruht, also einen sog. verstellbaren Streichbart oder »Stellbart« bildet. Erst durch diesen Stellbart erhält der Ton einer eng mensurierten, stark angeblasenen Gambe in hohem Maße jenen charakteristischen, schneidenden, obertönigen Strich, der dieses Register zu einer der schönsten und lieblichsten, den Klang der alten Kniegeige nachahmenden Orgelstimme von eigentümlichem Reiz macht. Die Gambe wirkt am schönsten als Solostimme des Hauptmanuals; doch ist eine Verbindung mit Hohl- oder Doppelflöte und Gedackt ebenfalls von ausgezeichneter Wirkung. Früher wurde die Gambe wegen ihrer zögernden Ansprache hauptsächlich zum Vortrage langsamer Melodien gebraucht; der heutigen Orgelbaukunst verdanken wir leicht und präzis ansprechende Gamben. — der Gambenbaß 16' Holz, dem Salicional 16' ähnlich, kommt selten vor. Eine konische Gambe heißt Spitzgambe.

5a. Violonbaß 16' ist die eigentliche Grundstimme für das Pedal und eines der bekanntesten und schönsten offenen Baßregister aus Tannenholz oder Zink. Damit der Ton leicht anspricht, haben die verhältnismäßig eng mensurierten Pfeifen Seitenbärte und Intonierrollen (Seite 71), während die Vorschläge aufgeschraubt sind. Der Klang ist dem des Kontrabasses ähnlich: stark und kräftig, dabei streichend. In kleineren Orgeln, wo er oft den einzigen offenen 16′ bildet, ist Violonbaß dem etwas aufdringlichen Prinzipalbaß 16′ vorzuziehen. Ein gedeckter Violonbaß hat keinen Wert, wohl aber mischt sich dieses offene Register gut mit dem Subbaß, weil dieser gedeckt ist.

5b. Kontraviolon oder Kontrabaß 32′ wird entweder als offenes Pedalregister in Strich und Kraft zwischen Violon- und Prinzipalbaß intoniert oder als akustischer Ton durch Violon 16′ und Quintbaß 10²/₃′ kombiniert (Seite 69). In Steinmeyerschen Orgeln bildet Kontraviolon 32′ des öfteren mit ausgezeichneter Wirkung den Untersatz zu einem kontrabaßartig intonierten Prinzipalbaß 16′.

6. Violoncell 8′, ein im 8-Fußton ausgeführter Violonbaß, ist selbstverständlich enger mensuriert und schwächer intoniert als dieser, hat aber einen charakteristischen scharfen Strich, weshalb dieses Register zu Solopartien vorzüglich geeignet ist; außerdem verschärft es den Violonbaß und gibt dem Subbaß Deutlichkeit und Kraft. Diese Stimme wird vielfach aus Holz hergestellt, in neuerer Zeit auch aus Zink oder aus Zinn. Ein charakteristisches, schön ansprechendes Cello herzustellen, versteht erst die neuere Orgelbaukunst.

7. Fugara 8′ und 4′, offen, aus Zink und Zinn, von mittlerer Mensur, mit vielem Windzufluß, hat einen hellen, scharfen, fast schneidenden Ton, der die Mitte hält zwischen Gamben- und Geigenprinzipalklang. Dieses Register findet sich meist im Obermanual.

8. Salicional (Salicet), eine 8- und 4-füßige Zinnstimme, bildet eines der beliebtesten und angenehmsten Register. Salicional 8′ wird in der Regel etwas weiter mensuriert als Gambe, hat daher einen schwach streichenden, fast zarten Klang und bildet gleichsam das Echo der letzteren. Gibt man dem Salicional engen Aufschnitt und noch engere Mensur sowie dazu geeignete Bärte, so bekommt es einen dem Violinton ähnlichen Strich. — Salicional 8′ und Flöte 8′ gehören zu den herrlichsten Klangwirkungen der Orgel. »Zu Salicional (wo es die zu diesem Zwecke noch häufiger verwendete Äoline ersetzen soll) trifft man zuweilen eine, zu ihm in leichte Schwebung (Seite 68) gestimmte, Voix céleste (Seite 82) mit hübschen Wirkungen. Salicional ist eines der brauchbarsten Register zu schönen Mischungen. Ich erwähne z. B. Wienerflöte, Gedackt, Traversflöte oder Flâte d'amour, letztere beiden als Erfrischung im 4′-Ton. Hier gilt es, wie bei Äoline, sich auch die Koppelung zu einem 16′ Subbaß nutzbar zu machen, welcher durch die sanften Streicher eine ebenso schöne als diskrete Präzision gewinnt. Salicional ist eine derjenigen Charakterstimmen, an welchen man sich die Klangfarbenempfindungen zum Bewußtsein und für das Ohr bleibend

zu eigen werden lassen kann.« (Locher, Erklärung der Orgelregister und ihrer Klangfarben, 2. Aufl.; Bern, Nydegger und Baumgart, 1896.)

9. Äoline, eigentlich ein Zinnregister, ist eine Charakterstimme, sehr eng mensuriert, mit wenig Luftzufluß und niederem Aufschnitt, daher von äußerst sanftem Strich und fast wie eine schwache Zungenstimme klingend. — »Der äußerst sanfte Strich der Äoline macht diese Stimme besonders geeignet, um an ihr das Ohr für die Unterscheidung der Klangfarben zu schärfen und zu üben. Ich rate daher den angehenden Organisten, zuerst ein ausgesprochenes Flötenregister, z. B. Flöte 8′ oder Wienerflöte oder Traversflöte zu ziehen und dann durch An- und Abstoßen der Äoline das Ohr an die in der Flötenintonation diskret eintretende Klangfarbe der Streicher zu gewöhnen und diesen sanftesten Streicher mit der stärkeren Gamba und Viola nachher dynamisch zu vergleichen, ebenso mit Dolce und Salicional aus der gleichen Familie. Diese Klangfarbenempfindungen werden offenbar durch geschickte An- und Abschwellung des Streichers für das noch ungeübtere Ohr wesentlich intensiver ausfallen (zugleich eine vorzügliche Übung in der bewußten Anwendung des Schwellwerks).« Locher a. a. O. — Was Äoline fürs Manual, ist

10. Harmonikabaß für das Pedal. Dieses leichtstreichende Pedalregister 16′, zweckmäßig aus Zink erstellt, gleicht dem Salicional 16′ und verbindet sich gut mit Subbaß 16′ zur Begleitung sanfter Passagen. Hier möge auch angeführt werden, was Karl Locher a. a. O. bemerkt über die häufig mit Äoline oder Salicional verbundene tremulierende Stimme

11. Voix céleste (Seite 68). »Voix céleste ist eine in der Regel zu Äoline oder Salicional in leichte Schwebung gebrachte und mehr mit jenen vereinigt als allein verwendete 8′-Solostimme aus Zinn. Es sei hier ausdrücklich bemerkt, daß richtig abgemessene Schwebungen eine Hauptbedingung für die gute Wirkung einer Voix céleste sind. Auch sollte sie nie anders als in einem intensiv an- und abschwellenden Echowerk stehen. Ich komme, je länger je mehr, zu der Überzeugung, daß z. B. gerade in kleinen Orgeln, wo man von Zungenstimmen abzusehen gezwungen ist, dem Organisten wenigstens durch eine gut an- und abschwellende Voix céleste und durch charakteristische Streicher Gelegenheit zu vermehrter Ausdrucksfähigkeit gegeben werden sollte. Bei allem Lob dieses Registers setze ich übrigens wie bei Tremulant, Vox humana und Unda maris seine künstlerische, durchaus maßvolle und nicht etwa ins Süßliche ausartende Verwendung als selbstverständlich voraus. Voix céleste mischt sich zu feierlichen Passagen schon mit 16′ Lieblichgedackt allein, etwas weniger dunkel wirkt der 8′. Eine köstliche Begleitung zu einer als Solostimme spielenden Flauto dolce 8′

oder Traversflöte 8′ gibt Lieblichgedackt 16′, Lieblichgedackt 8′, Voix céleste 8′ und eine zarte 4′ Flöte, vorausgesetzt, daß die ganze Begleitung in einem Schwellwerk nach Bedürfnis nuanciert werden kann. ∗

Bemerkung. Voix céleste, auch Vox coelestis (Himmelsstimme) genannt, darf nicht mit der Zungenstimme Vox angelica (Engelsstimme) verwechselt werden.

Dem Klange der Streicher schließen sich einige Stimmen an, deren Pfeifen Kegel- oder Pyramidenform haben. Ihr Klang ist einerseits hell, weil unter den höheren Teiltönen der fünfte und siebente besonders hervortreten, anderseits aber leer, weil die ersten Obertöne verhältnismäßig schwach sind.

1. Oben eng, unten weit; der obere Durchmesser der Pfeife $\frac{1}{2}$ oder $\frac{1}{3}$ des unteren (am Labium):

a) Gemshorn, 8′ und 4′, ist eine bekannte offene Flötenstimme aus Metall, deren Pfeifen oben spitz zulaufen, wie Geigenprinzipal mensuriert sind und zuweilen Seitenbärte haben. In älteren Orgeln mit singender, leicht schneidender Intonation versehen, ist sein weicher, hornartiger, nicht besonders starker Ton recht gut als Solostimme verwendbar.

b) Spitzflöte (Spindelflöte), ein 8- oder (häufiger) 4-füßiges Metallregister, hat weiteren Aufschnitt, wie Gemshorn, am Labium etwa Prinzipalmensur; seine Pfeifen sind bis auf $\frac{1}{3}$ der Weite zugespitzt. Spitzflöte 4′, etwas schwächer als Gemshorn 4′, eignet sich als schärfendes Register zu weichen Achtfüßen im Nebenmanual und als Begleitungs- und Füllstimme im Hauptmanual.

2. Unten enge, oben weite Mensur, also umgekehrte Kegel- oder Pyramidenform haben:

c) Dolce. Dieses 8-füßige Zinnregister hat schmale Labien ($\frac{1}{5}$ des Pfeifenumfanges), wenig Wind, enge Mensur und nicht zu hohen Aufschnitt, weshalb es einen äußerst zarten, lieblichen, wenig streichenden Klang besitzt. Die Pfeifen der tieferen Oktaven können aus Holz gefertigt werden. Dolce kann auch ohne Strich, also flötenartig intoniert sein. Es mischt sich schön mit Bordun 8′ und verschiedenen Flöten zu 8′ und 4′. Noch enger mensuriert und sanfter intoniert als Dolce ist Dolcissimo 8′ aus Zinn.

d) Portunalflöte (nicht Bordunalflöte), ein seltenes Manualregister zu 8′ und 4′ aus Holz, dessen Pfeifen in der Regel oben etwas erweitert sind, hat einen weichen, streichenden, angenehmen Ton und gibt den übrigen Manualstimmen eine gewisse Dichtheit und Fülle.

3. Der Flötenchor (zumeist Charakterstimmen).

Er bildet eine große Familie, deren Pfeifen im allgemeinen minder weite Mensur, geringen Windzufluß, präzise Ansprache, aber keinen

Strich haben, sondern weich, flötenartig, mehr oder minder voll, dabei doch sanft, lieblich und klar klingen, weil ihr Ton der starken Obertöne entbehrt. Durch streichende, enger mensurierte Stimmen wird ihr Klang etwas schärfer. Das Register Flöte, Flauto, Flûte ist hauptsächlich im Manual jeder Orgel zu finden, und zwar offen und gedeckt (Doppelflöte und Rohrflöte siehe bei den Gedackten).

1. Flöte (Flauto) ohne Beinamen bezeichnet eine offene, kräftige, ziemlich weit mensurierte Flötenstimme 8′ oder 4′ von Holz oder Metall (Zink und Zinn), welche sich sehr schön mit Gambe 8′ oder Dolce 8′ mischt. Als Pedalregister 8′ wird Flöte zu dem bekannten Flötenbaß, welcher dem Subbaß eine gewisse Fülle und Rundung verleiht.

2. Traversflöte (Flauto traverso oder Querflöte), 8′ oder 4′, ist eine in die Oktave »überblasende«, also eine Oktave höher klingende offene Flötenstimme, welche den Ton der Orchesterflöte nachahmt.

Bemerkung. Überblasen nennt man das Überschlagen eines Tones in einen der Obertöne, also in die Oktave, Quinte oder Terz als Folge einer sehr scharfen, starken Intonation bei besonders enger Mensur und geringem Aufschnitt. Durch die Bärte (Seite 48) wird bei anderen Stimmen, besonders bei den eng mensurierten Streichern, das Überblasen verhindert.

Wird Traversflöte aus Holz gefertigt, so erhält sie an Stelle des Aufschnittes eine rundliche Öffnung, wie sie die Orchesterflöte am Kopfstück zum Anblasen hat und wird dort durch eine den starken Luftzufluß aus dem Pfeifenfuß erhaltende besondere Vorrichtung, den Frosch, angeblasen. Von c^1 an erhält die Traversflöte Pfeifen in doppelter Länge. Dieselben sind am Schwingungsknoten (also in der Mitte) mit einem kleinen Loch versehen, damit das Überblasen erleichtert wird und der Ton nicht in den Grundton zurückfallen kann. Neuerdings macht man die Traversflöte mit Erfolg aus Metall. Der Ton solcher Pfeifen ist sehr rein, weich, hell und rund. — Eine weit mensurierte, überblasende Flötenstimme aus Metall ersetzt in Frankreich unsere Holzflöte und heißt dort »Flûte harmonique«. — Die Traversflöte kommt gewöhnlich in den Manualen zu 4′, seltener zu 8′ vor und gibt, meisterhaft intoniert, eine reizende Solostimme ab. »Eine schöne Mischung gibt Traversflöte mit Äoline 8′ und Lieblichgedackt 8′ oder mit Oboe und Wienerflöte und eine etwas dunklere Färbung, wenn zu den genannten 8′ Stimmen noch ein schönes Lieblichgedackt 16′ gezogen wird. Wenn Traversflöte 4′ fehlt, so läßt sie sich z. B. durch Flûte d'amour 4′ oder Flauto dolce 4′ zur Erfrischung dunklerer Mischungen vorteilhaft vertreten. Als Solostimme mit der Unterlage bzw. Begleitung eines Dolce kommt Traversflöte zu hübscher Geltung.« (Lochner a. a. O.) Siehe auch Physharmonika Seite 90.

4. Flauto dolce, amabile (liebliche Flöte), auch Dolce-flöte zu 8' und 4' von Holz, die kleinsten Pfeifen aus Zinn und über-blasend, wird gegenwärtig als sanftestes Flötenregister von mittlerer Mensur mit Vorliebe im ersten Manual disponiert und eignet sich wegen seines außerordentlich lieblichen Tones besonders zur Verbindung mit zarten Stimmen. — Flûte d'amour ist die französische Bezeichnung eines mit Flauto dolce verwandten, eng mensurierten reizenden Flöten-registers aus Holz, 8' oder 4'.

5. Hohlflöte ist ein 8- und 4-füßiges offenes Holzregister. Weit mensuriert, mit mäßigem Luftzufluß und nicht sehr engem Aufschnitt, eignet sie sich ihres runden, weichen und dunkeln Tones wegen be-sonders gut als Füllstimme, aber auch als Soloregister; sie verbindet sich gerne mit eng mensurierten Stimmen, wie Gambe, Geigenprinzipal, Schweizerflöte usw. In der unteren Oktave ist die Hohlflöte des Raumes wegen manchmal gedeckt. oder zu einem gedeckten Register über-geführt. »Überführen«, siehe Seite 96, Bemerkung. — Im Manual tritt Hohlflöte auch als Quintregister auf. In diesem Falle wird sie Quintflöte oder Hohlquinte genannt und zu 5⅓' disponiert.

6. Wienerflöte, etwas heller als Flauto dolce disponiert, ist eine Holzflöte von hellem, lieblichen Klang, welche gegenwärtig häufig als Soloregister zu 8' oder 4' vorkommt. Wienerflöte eignet sich im Trio-spiel besonders als Begleitstimme zu Voix céleste 8'.

7. Tibia 8'; von Steinmeyer-Öttingen als Spezialität gebaut, ist eine sehr weit mensurierte Flöte, in den unteren Oktaven aus Holz, die Fortsetzung aus Zinn hergestellt, mit niedrigem Aufschnitt. Äußerst volltönend und rund intoniert, ist sie nicht. nur als ausgiebige Füll-stimme sondern hauptsächlich auch als Solostimme zum Vortrag des Cantus firmus vorzüglich verwendbar mit Geigenprinzipal 8'.

8. Doppelflöte, eine offene Holzpfeife im Manual zu 8', selten zu 4', hat zwei sich gegenüberstehende Labien, also doppelte Kern-spalten, weshalb diese Flöte heller und etwas stärker als die einfach labierte klingt. Doppelflöte eignet sich besonders für Schwellwerke, wo sie als Solostimme (Cantus firmus) besonders wertvoll ist. Es gibt auch Flötenbässe 16', die jedoch äußerst selten disponiert werden.

4. Gedeckte Stimmen, Gedackte.
(Siehe Seite 48.)

Zu dieser wichtigen Familie gehören Register, die im kleinsten und größten Werke unentbehrlich sind, deren Pfeifen oben verschlossen werden (Fig. 21) und zumeist weite Mensur, hohen Aufschnitt und reichlichen Luftzufluß haben zur Erzeugung eines möglichst vollen

Grundtones. Die Gedackte können wegen der Stimmung durch den Hut oder Spund nur zylindrische oder prismatische Form erhalten. Sie geben Grundtönigkeit und dem vollen Werke Fülle, Sicherheit und dunkle Färbung, obgleich den gedeckten Pfeifen Energie und Physiognomie des Tones fehlt und ihr mit wenig (ungeradzahligen) Obertönen (Seite 66) ausgestatteter Klang eine gewisse Leere hat. Weite gedeckte Pfeifen geben den Grundton fast rein, wenn sie schwach angeblasen werden, weil bei ihnen infolge ihrer Struktur fast gar keine Obertöne erklingen; dagegen ist der Ton enger gedeckter Pfeifen hohl und näselnd. Aus diesen Gründen können Gedackte nicht selbständig auftreten; ihr Klang ist ungefärbt, unbestimmt.

Die folgenden Register sind fast alle aus Holz; nur ihre kleineren Pfeifen werden aus Metall gefertigt. Nach der Art der Intonation, der Mensur und Stärke des Luftzuflusses unterscheidet man verschiedene Gedacktregister.

1. Groß- oder Grobgedackt, ein 16- oder 8-füßiges Manualregister aus Holz, mit besonders weiter Mensur und dickem, vollem, rundem Ton, der sich mit anderen Stimmen, besonders mit Prinzipal, Salicional, Flöte usw. gut verbindet.

2. Gedackt 8′, aus Holz und Zinn, spielt als Lieblichgedackt 8′ eine große Rolle im Obermanual oder im Schwellkasten, wohin es als Grund- oder Füllstimme zu den sehr zart intonierten Stimmen des zweiten Manuals trefflich paßt. Durch enge Mensur mit hohem Aufschnitt und wenig Luftzufuhr wird sein Ton sanft, weich, angenehm und von bestrickender Zartheit, weshalb sich Lieblichgedackt gerne mit Äoline, Salicional, Dolce, Gemshorn usw. mischt.

3. Kleingedackt 4′ aus Zinn, ähnlich dem vorigen Register mensuriert, hat einen hellen, dabei milden und flötenartigen Ton.

4. Rohrflöte zu 8′ und 4′ ist eine halbgedeckte Pfeife aus Metall oder Holz, bei welcher im Hute oder Spunde ein Röhrchen steckt (Fig. 21 c), das die Verbindung der Außenluft mit der schwingenden Luftsäule in der Pfeife herstellt, wodurch der Ton mehr Obertöne gewinnt, weshalb er deutlicher und klarer wird als bei ganz gedeckten Pfeifen. Der Rohrflöte eignet überdies eine eigentümliche, mit der Weite des Röhrleins wachsende Helle des Klanges, welche von dem stark hervortretenden fünften Teilton, der Terz, herrührt. — »Die Rohrflöte ersetzt in kleinen Orgeln zuweilen das Gedackt in einem Obermanual, wenn daselbst der Flötencharakter sonst zu schwach vertreten ist. Rohrflöte 4′ gibt mit einer schön schneidenden Gamba 8′, Dolce 8′ oder (wenn Rohrflöte im ersten Manual disponiert) durch Koppelung mit Viola 8 oder Oboe im Schwellwerk eine eigentümlich ansprechende

Farbe. Mischt sich auch hübsch mit Salicional, wird als 8′ durch eine helle Flûte d'amour 4′ nach Bedürfnis erfrischt« (Locher a. a. O.).

5. Quintatön, ein Manualregister zu 16′ und 8′, in der Regel aus Metall, heißt eigentlich Quintam tenens, d. h. eine Quinte mit sich führend. Die Mensur dieses wertvollen Registers ist für eine gedeckte Pfeife eng genug, um mit dem Grundton durch Überschlagen die Quinte über der Oktave, also die Duodezime als Aliquotton deutlich hören zu lassen. Infolge des niederen Aufschnittes ist der Ton außerordentlich scharf, herb, mager, ja geheimnisvoll, weshalb Quintatön als Füllstimme von großer Wichtigkeit ist. Quintatön 16′ mit dem vollen Oberwerk ohne 16′ verbunden, gibt eine starke, interessante Registrierung. »Man versuche die Mischung einer schönen Quintatön mit einer gut intonierten und wirksamen an- und abschwellenden Voix céleste und wird von der eigenartig ansprechenden Wirkung überrascht sein« (Locher a. a. O.).

6. Subbaß 16′. Dieses weit mensurierte, gedeckte Pedalregister aus weichem Holz darf in keiner Orgel fehlen. Wenn auch sein Klang besonders in den tiefen Tönen etwas schwach ist — die oberen Lagen sind bei guter Intonation voll und kräftig —, so verbindet sich der fast obertonfreie Klang dieses wichtigen Registers besonders gut mit anderen 8- und 16-füßigen Pedalstimmen. Erstere geben ihm Deutlichkeit, letzteren dient er als Kern und Unterlage. In kleinen Orgeln ist der Subbaß gewöhnlich das einzige Pedalregister 16′, dem in der Regel noch ein Oktavbaß oder Violoncell 8′ beigesellt sind.

7. Bordunbaß 16′ (französisch Bourdon, italienisch Bordone, von bordo, der Rand)[1]), ist ein sehr schwach intonierter Baß (Gedackt-baß), der sich besonders gut mit den zartesten Stimmen verbindet. Steinmeyer disponiert, wenn irgend angängig, Bordunbaß selbst ins Schwellwerk (mitunter dazu auch noch Cello 8′), so daß ein solches Schwellwerk eine komplette Orgel für sich bildet, ein Vorzug, der nicht genug geschätzt werden kann. Für eine im Schwellwerk stehende Äoline, Vox coelestis, Dolce ist ein Subbaß stets zu dick und voll, so daß die Disposition eines Bordunbasses zu diesen Registern von großem Werte ist. Im Schwellwerk stehend, kann er mit den übrigen Manual-stimmen an- und abgeschwellt werden.

8. Untersatz 32′ ist eine im Pedal vorkommende gedeckte Stimme von weiter Mensur, welche den offenen 32′ ganz gut vertritt, die Unter-lage zu anderen 16- und 8-füßigen Stimmen im Pedal, besonders aber den Baß zum Bordun 16′ im Manual bildet und dem Pedal Fülle und

---

[1]) Bordonus bezeichnete im 13. Jahrhundert die am Rande des Griffsbrett der Viola (Viella) liegenden Baßsaiten.

Erhabenheit gibt. Die tiefen Töne sind meist undeutlich; sie gleichen mehr dem fernen Sausen des nahenden Sturmwindes, als einem Orgelton, bekommen aber durch die dazugezogenen 16-, 8- und 4-füßigen Pedalstimmen die nötige Deutlichkeit und Bestimmtheit. Ein weit mensurierter Prinzipalbaß 16′ mit offenem Quintbaß 10²/₃′ und Oktavbaß 8′ gibt einen akustischen Ton, der vom tiefen A abwärts deutlicher und bestimmter hervortritt als der wirkliche 32′ (Seite 69).

Bemerkung. »Zum Vortrage klassischer, figurierter Kompositionen sind alle den 32′ Ton selbständig darstellenden Register unbrauchbar. Erst bei Kompositionen und Choralbegleitungen, welche die selbständige 16′ Reihe des Manuals notwendig machen, wird ihre Benutzung wünschenswert. Man täusche sich bei Disponierung eines 32 Fuß nicht über die Wirkung desselben, die zu den Kosten, welche er verursacht, in ungünstigem Verhältnisse steht. Man bedenke, daß zwei 16 Füße weit mehr wirken, bedeutend weniger kosten und viel weniger Wind verbrauchen als ein guter 32 Fuß, dessen untere Töne meist erst durch doppelten Winddruck zu klarer, präziser Ansprache gebracht werden können. Es ist klar, daß der selbständige 32 Fuß nur bei sehr langsamen, große Tonfülle beanspruchenden Tonsätzen anzuwenden und sofort wieder zu beseitigen ist, wenn figurenreiche Bewegung Platz greift.« (O. Dienel, »Die moderne Orgel«.)

5. Zungenstimmen, Rohrwerke (Charakterstimmen).

Sämtliche Register dieser eigenartigen Familie sind Grundstimmen, welche infolge gleichartiger Tonerzeugung einen verwandten Klangcharakter besitzen. Dennoch sind die meisten Zungenstimmen einer Charakterisierung fähig, wie solche die Labialstimmen niemals zulassen. Erst die Rohrstimmen verleihen der Orgel Majestät, Glanz und imposante Tonstärke. Abgesehen davon, daß bei den Zungenstimmen, wie bereits Seite 65 besprochen, der Ton auf andere Weise erzeugt wird als bei den Labialstimmen, unterscheiden sich erstere von den letzteren durch ihre scharf hervortretenden Töne von eigentümlicher Klarheit sowie durch die äußere Form der Pfeifen. Die Labialstimmen sind bei enger Mensur in der Regel länger als die Normalpfeifen, die Zungenstimmen haben bei enger Mensur meist kürzere Schallbecher und umgekehrt; die Labialpfeifen werden bei zunehmender Höhe immer kleiner, die Schallkörper der meisten Rohrwerke müssen — etwa von der eingestrichenen Oktave an — doppelte Länge erhalten, damit ihre hohen Töne den kräftigen Klängen der Tiefe nicht nachstehen. Und wie die Rohrwerke durch ihre durchgreifende Wirkung die Labialstimmen nach unten hin unterstützen, wo letztere ihre durchdringende Kraft verlieren, so bildet umgekehrt der helle Ton der Labialpfeifen in den oberen Lagen die natürliche Stütze des in der Höhe schwächeren Rohrtones. So kommt also ein wirklich vollkommenes

Orgelwerk erst durch die maßvolle und wohldurchdachte Vertretung beider Hauptgattungen zustande. Zungenstimmen sollten also in einem größeren Werke unter keinen Umständen fehlen. Selbstverständlich müssen sie regelmäßig gestimmt werden, sonst liegen sie brach in der Orgel (Seite 71, Bemerkung). Die wichtigste Rolle spielen die Rohrwerke im Pedal durch ihre Gewalt und Deutlichkeit. Es ist selbstverständlich, daß die Zahl der Zungenstimmen in einer richtig disponierten Orgel eine verhältnismäßig beschränkte sein muß. Interessant ist die Tatsache, daß der deutsche Charakter mehr den ruhigen, lieblichen Ton der Labialstimmen liebt, während französische Lebendigkeit die glänzenden Zungenwerke bevorzugt. Die Orgelbaukunst der Neuzeit hat auf dem Gebiete der Intonation der Rohrwerke die bedeutendsten Fortschritte gemacht und eine Reihe wirklich edel klingender Charakterstimmen geschaffen, welche die Bläser des Orchesters in ausgezeichneter Weise nachahmen. In Deutschland darf auf diesem Gebiete immer noch mehr geschehen.

1. Posaune 16′ (selten 32′). Von einem Meister verfertigt und bei richtigem Luftzufluß voll und prompt ansprechend, bildet dieses gewaltige Orgelregister das prächtigste Rohrwerk des Pedales mit kräftigem, posaunenähnlichem Ton, dem eine entsprechende Anzahl starker und füllender Stimmen zur Seite stehen muß. Die Posaune hat meist aufschlagende Zungen und gewöhnlich aus Holz verfertigte Schallbecher in der Form umgekehrter vierseitiger, Pyramiden. Im 32′ Ton heißt sie Großposaune. Der Kontraposaune 64′ in Sidney wurde bereits gedacht (Seite 72). In mittelgroßen Orgeln wird Posaune 16′ oft vorteilhaft durch den etwas weicheren Bombard 16′ ersetzt, welcher ähnlich konstruiert ist wie die Posaune und dem Klange nach die Mitte hält zwischen dieser und Fagott.

2. Trompete (Tuba 16′, Trompete 8′, Clarino 4′) im Manual und Pedal, ähnlich wie Posaune konstruiert, jedoch mit verhältnismäßig schmäleren Zungen und engeren Zinnaufsätzen, ist eine der glänzendsten Orgelstimmen von durchgreifender prächtiger Wirkung, besonders im Manual zu 8′. Sie hat — von Meisterhand gefertigt — einen weichen, schmelzenden, abgerundeten, doch starken und brillanten Ton, der dem starren, gleichmäßigen Charakter der Labialstimmen eine wohltuende Biegsamkeit verleiht. Eine gut gearbeitete Trompete 8′ mit richtiger Schallbechermensur wirkt für sich allein; doch mischt sie sich auch gut mit Prinzipal, Bordun, Rohr- und Hohlföte. — Tuba 16′ = Posaune. — Tuba mirabilis ist eine sehr starke, nicht schmetternde 8′ Trompete oder Posaune, zumeist im Solomanual. Dieses Hochdruckregister (Seite 49) wird von bedeutend verstärktem Winde angeblasen. — Clarino 4′, enger als Trompete mensuriert,

hat eine helle, durchgreifende Intonation. Sie kommt nicht nur im Pedal, sondern häufig auch in einem reichbesetzten dritten Manual großer Orgeln vor (Mannheim, Christuskirche; Augsburg, Ludwigsbau).

3. Fagott 16′ und 8′, im Manual und Pedal, ist ein mäßig stark intoniertes Register mit enger Mensur und freischwingenden breiteren Zungen; es kommt mit guter Wirkung häufig im Pedal vor. Als 8′ im Manual wird Fagott, wie bereits Seite 73 bemerkt, meist bloß für die unteren beiden Oktaven disponiert. Die Fortsetzung nach oben bilden dann Oboe oder Klarinette. Dieses, aus Zinn, Metall oder Holz gearbeitete Register mischt sich gern mit Oboe- und Flötenregistern 8′ zu sanftem, elegischem Vortrag. — Basson 16′ und 8′ heißt diese Stimme, wenn sie aufschlagende Zungen hat.

4. Oboe 8′ (selten 4′), eine Manualstimme aus Zinn, mit ein- oder aufschlagenden Zungen und zylinderförmigen oder eng mensurierten trichterförmigen Schallkörpern, von sehr angenehmem Klang wie das gleichnamige Orchesterinstrument, hat infolge der schmäleren Zungen einen zarteren Ton als Trompete und ist ein beliebtes Soloregister, das am vorteilhaftesten im Schwellwerk mittlerer und größerer Orgeln disponiert wird. Oboe sollte bereits in einer Orgel von 20 Stimmen vorhanden sein. Wenn diese Stimme als halbes Register nur durch die oberen Oktaven geht, dann bildet, wie bereits bemerkt, Fagott 8′ den Baß zu ihr. Oboe mischt sich gut mit den Flötenstimmen (Wienerflöte 8′, Flauto dolce).

5. Klarinette 8′, eine Zungenstimme mit konischen Schallbechern von Metall oder Holz, ähnlich den Schallkörpern der Trompete, hat freischwingende und breitere Zungen als Oboe, ist auch weiter mensuriert als diese, sodaß die Tonstärke dieses Registers die Mitte hält zwischen Oboe und Trompete und der Klang der Klarinette edel, rund, weich und von sehr angenehmer Wirkung ist. Auch Klarinette kann schon in kleineren Werken auftreten. Sie mischt sich gerne mit den Flöten- und gedeckten Registern. In der Tiefe wird Klarinette wie Oboe durch Fagott ergänzt.

6. Physharmonika 8′ (selten 16′ und dann mit Schallkörpern), eine Wiener Erfindung, ist ein äußerst sanftes Rohrwerk mit freischwebenden Zungen und hat keine eigentlichen Schallbecher. Im wesentlichen eingerichtet wie das Harmonium, steht Physharmonika in der Regel auf eigenem Manual mit gesonderter Windlade und wird in einem Kasten angebracht, der mit einer Schwellvorrichtung versehen ist, wodurch sich wunderbar schöne Effekte erzielen lassen.

7. Vox humana 8′, von mannigfaltigster Konstruktion, besonders der Schallbecher, soll die menschliche Stimme nachahmen. Doch macht sich in den tieferen und höheren Lagen dieses Registers immer wieder

der etwas näselnde Ton schwingender Messingzungen bemerkbar. Man sucht diesem Übelstand dadurch abzuhelfen, daß man Vox humana (wie auch Voix céleste) in einen von der Orgel abgelegenen Raum (Tonhalle) bringt oder dieses immerhin seltene Register durch kontrastierende Klangfarben begleitet oder Vox humana mit entsprechenden Registern (Bordun 8′) im Schwellkasten (Seite 97) verbindet u. a. m. Hauptsache ist, daß dieses »zweischneidige Schwert« von einem Register vor dem Gebrauch glockenrein gestimmt wird, sonst wirkt es komisch. Die Orgel zu Bernau bei Berlin soll eine Vox humana vom F—c¹ besitzen, welche der menschlichen Stimme so nahe kommt, daß man einen Tenoristen und Bassisten zu hören glaubt, wenn dieser Tonumfang wie im Duett benutzt wird. Von besonders schöner Wirkung ist eine gute Vox humana, wenn sie mit richtig konstruiertem Tremolo verbunden ist. Einen Beweis hierfür liefern die Orgeln zu Wertheim, Königsfeld, Mannheim, Speier u. a.

Bemerkung. Vor längerer Zeit ist der Versuch gemacht worden, die Zungenpfeifen einiger Rohrwerke durch entsprechend konstruierte Labialpfeifen zu ersetzen. So stellte der bekannte Orgelbaumeister K. G. Weigle-Stuttgart im Jahre 1900 in der Orgel der Garnisonskirche zu Straßburg statt einer Oboe mit aufschlagenden Zungen eine von ihm erfundene Labialoboe, eine Verbindung von Violine 8′ und Quintaton 8′ auf. Auch Klarinette wurde als Labialstimme hergestellt. Da solche kombinierte Register niemals den Glanz der Zungenstimmen erreichen, wurden sie in neuerer Zeit nicht mehr disponiert.

Achter Abschnitt.

Disposition und Kostenberechnung.

Die Disposition einer Orgel kann nur auf Grund genauer Pläne, noch besser aber auf Grund einer Einsichtnahme der Kirche oder des Raumes, in welchen die Orgel zu stehen kommt, endgültig aufgestellt werden. Dabei ist in erster Linie die Akustik in Betracht zu ziehen. Nicht minder sind aber auch die räumlichen Verhältnisse des Orgelraumes wie auch der Standort der Orgel maßgebend. Eine Disposition aufzustellen, obliegt in der Regel dem Orgelbaumeister und diese wird durch einen staatlich aufgestellten Orgelrevisor einer Prüfung unterzogen, dem es natürlich unbenommen bleibt, Änderungen oder Erweiterungen vorzunehmen, deren Ausführungen jedoch immer von der Platzfrage abhängig sein wird.

In der Disposition sind aufzuführen:

Umfang des Manuals und des Pedals, die Register in bezug auf
Intonation, Material, bei Zinnpfeifen die Legierung, die Anzahl der
Nebenzüge und Art derselben, die Bauart der Windladen, des Gebläses, gegebenenfalls des elektrischen Gebläseantriebes, die Stellung
des Spieltisches. Die Mensuren des Pfeifenwerkes sollten auf alle Fälle
dem Orgelbauer überlassen werden, der dieselben am besten den akustischen Verhältnissen anzupassen vermag.

Zunächst werden bei einer Orgelanlage die Größenverhältnisse
der Kirche in Betracht kommen müssen. Gemeiniglich rechnet man
bei kleineren Kirchen 80—100 cbm, bei mittelgroßen 150—200 cbm
und bei großen Kirchen 250—300 cbm des Kirchenraumes auf eine
klingende Stimme. Andere gehen von der Größe der Kirchengemeinde
aus und disponieren für eine Gemeindezahl von 200—300 Personen
8—10, von 400—500 Personen 12—16, von 1000—2000 und mehr
Personen 24—30 und mehr Register. Vorteilhaft ist es immer, besonders wenn hinreichende Mittel vorhanden sind, die Orgel hinsichtlich ihrer Stimmenzahl etwas zu groß als zu klein anzulegen.

I. Übungs- und Kirchenorgeln.

Von Orgeln ohne oder mit angehängtem Pedal soll hier abgesehen
werden; sie erinnern doch zu sehr an den Leierkasten. Erst wenn ein
selbständiger Grundbaß im 16′-Ton im Pedal vorhanden ist, kann von
einer wirklichen Orgel die Rede sein, und sollte sie auch bloß zwei Register
haben. So z. B. können Übungsorgeln in Lehrerbildungsanstalten (Seminarien und Präparandenschulen) nur dann vollkommen
ihrem Zweck entsprechen, wenn diese Werke die Klangwirkung eines
selbständigen Baßregisters haben. Durch bloße Koppelung ist dieselbe
niemals zu erreichen. Der Schüler wird durch das selbständige Pedal
sicherer und dadurch im Spiel rascher gefördert. Bei größer angelegten
Orgelsätzen polyphonen Charakters kann ohnedies von einer Verstärkung
der Pedalstimme ohne selbständigen Baß keine Rede sein. Alle Orgeln
der genannten Anstalten sollten schon von drei Registern an mit zwei
Manualen gebaut werden. Die Herstellung des zweiten Manuals ist
bekanntlich bei einem Orgelneubau mit mäßigen Mehrausgaben ver-
knüpft, die erhöhte Brauchbarkeit und Zweckmäßigkeit einer Orgel
mit zwei Manualen gegenüber der einmanualigen aber über jeden Zweifel
erhaben und von allen Fachleuten anerkannt. Ein Schüler kann sich
nicht bald genug im Spiel auf zwei Manualen üben. Die meisten Orgel-
schulen verlangen mit Recht schon früh das zweimanualige Spiel (leichte
Trios, Begleitung eines Cantus firmus usw.); denn durch solche Übung
wird am raschesten die dem Orgelspieler so nötige Selbständigkeit der

beiden Hände und Füße erzielt, zudem kann sich der Schüler dabei
einige Kenntnisse in der Registrierung, also in der Verbindung der
Stimmen nach Klangfarbe und -stärke aneignen. Einem tüchtigen
Orgelspieler ist ein Werk mit zwei Manualen und fünf Registern sicher
lieber als eine Orgel mit einem Manual und zehn Stimmen. Einmanualige
Orgeln für den Betsaal oder die Kirche sollte man bloß bis zu höchstens
sechs Stimmen bauen; von da ab disponiere man zwei Manuale. In
zweimanualigen Orgeln ist häufig das Nebenmanual gegenüber dem
Hauptmanual zu schwach besetzt, so daß ersteres dem letzteren keine
wirksame Unterstützung bieten kann und der Gebrauch des Ober-
manuals ein ziemlich beschränkter ist. Eine derartige Disposition ist
durchaus falsch. Man sehe darauf, daß das Nebenmanual kleinerer
Orgeln wenigstens eine hellere vierfüßige Zinnstimme erhält. Dieselbe
wird bei der Registrierung treffliche Dienste leisten. Jedes Manual
soll für sich eine Orgel bilden. — Es ist wohl nun häufig, besonders
in kleineren Kirchen, damit zu rechnen, daß zur Anlage eines selbständigen zweiten Manuals der hierzu nötige Platz mangelt. In diesem
Falle kann das sog. Transmissionssystem in Anwendung kommen,
das sich jedoch nur bei einer pneumatischen Orgel ermöglichen läßt.
In diesem Falle erhält jenes Register, welches sowohl im ersten als auch
im zweiten Manual spielbar werden soll, noch eine Registerkanzelle
mit eigenem Registerventil. Es erklingt demgemäß das betreffende
Register nur in dem Manual, in welchem es eingestellt ist. Um das
Übergehen des Pfeifenwindes von einem zum anderen Manual zu ver-
wehren, sind unter dem Pfeifenstock Gegenventile angeordnet. Die
Disposition einer solchen kleineren Transmissions- oder Zwillings-
orgel könnte etwa folgendermaßen lauten: Erstes Manual Prinzipal 8′,
Salicional 8′, Flöte 8′, Oktav 4′; zweites Manual Salicional 8′, Flöte 8′
(beide aus dem ersten Manual); Pedal Subbaß 16′. Eine Manualkoppel
ist bei solchen Werken eigentlich überflüssig, dagegen sind Super-
und Suboktavkoppel (Seite 95) in jedem Manual, wie auch vom
zweiten ins erste wertvolle Spielhilfen. Selbstredend kann man auch
sämtliche Stimmen des ersten Manuals in das zweite überführen oder
auch dem zweiten Manual eine selbständige, im ersten Manual nicht
vorhandene Stimme geben, z. B. zu obiger Disposition noch ein Dolce 4′,
wodurch bei Anwendung einer Superoktavkoppel vom zweiten ins
erste Manual der 2′ Ton erzeugt wird. Von großer Bedeutung ist schon
bei mittelgroßen Werken die Transmission eines am besten im Schwellwerk stehenden schwachen 16′ Registers, z. B. eines Stillgedackt 16′
als Zartbaß 16′ ins Pedal. Dadurch ist eine den zartesten Manual-
registern entsprechende Pedalstimme geschaffen. Freilich können
noch weitere Manualstimmen ins Pedal überführt werden, z. B. Lieb-

lichgedackt 8′, als Gedacktbaß 8′, Prinzipal 4′ als Choralbaß 4′, ebenso Zungenstimmen wie Basson 16′, Trompete 8′, Clarine 4′ usw. Transmissionsorgeln mit größerer Registerzahl zu bauen ist nicht zu begutachten.

Auch die kleinste Übungsorgel muß im 8′-Ton disponiert sein, d. h. auf dem Manual müssen die 8′-Register vorherrschen; im Pedal soll klar und sicher der 16′-Ton erscheinen. So z. B. könnte die Disposition für 3 Stimmen heißen- Salicional 8′, Gedackt 8′, Bordunbaß 16′, Pedalkoppel (siehe später). Bei einer Kirchenorgel muß die Hauptstimme, in der Regel Prinzipal, im 8′-Ton gebaut sein. Die kleinste Kirchenorgel zu 5 Stimmen könnte haben: Prinzipal 8′, Salicional 8′, Gedackt 8′, Oktave 4′ oder Fugara 4′, Subbaß 16′, Pedalkoppel. Oder (ohne Prinzipal 8′): Geigenprinzipal 8′, Salicional 8′, Flöte 8′, Fugara 4′, Bordunbaß 16′, Pedalkoppel. Bei sehr beschränkten Raumverhältnissen kann es vorkommen, daß ein Prinzipal 4′ disponiert werden muß. Diesem 4′ gegenüber müssen dann aber mindestens zwei 8′ angebracht werden; z. B. (Orgel mit 4 Stimmen): Prinzipal 4′ oder Fugara 4′, Salicional 8′, Gedackt 8′, Bordunbaß 16′, Pedalkoppel. — Den herrschenden Grundstimmen gegenüber haben die Seite 74 ff. besprochenen Füll- und gemischten Stimmen soweit zurückzutreten, daß ihre Töne nicht selbständig gehört werden; doch soll der gesamte Orgelton durch diese »Mitklinger« Klarheit und Fülle erhalten. Die in bezug auf Material, Struktur, Klangfarbe usw. so verschiedenen Register müssen zueinander in richtigem Verhältnis stehen, damit unter der Mannigfaltigkeit die Einheit nicht leide (über die Disposition mehrerer Manuale siehe Seite 12). — Das Gebläse soll den Windladen so nahe als möglich kommen und ist, wenn nur irgend möglich, in die Orgel mit einzubauen. — Bei der Anlage der Orgel ist tunlichst darauf Rücksicht zu nehmen, daß man zu allen Teilen bequem kommen kann.

II. Koppeln.

Bei Orgeln mit zwei Manualen sind an Koppeln unerläßlich: 1. die Manualkoppel, durch welche man entweder ein oder mehrere oder sämtliche Register des Nebenmanuals mit dem Hauptwerk verbinden kann; 2. die Pedalkoppel zum ersten Manual, welche durch Zuziehen geeigneter Manualstimmen zu einzelnen oder sämtlichen Pedalregistern Deutlichkeit und Verstärkung der Bässe oder gewisse Klangfarben des Pedals, durch Abstoßen der zugezogenen Stimmen eine Abschwächung desselben ermöglicht; 3. eine zu gewissen Pianokombinationen und Klangeffekten unbedingt notwendige Pedalkoppel zum zweiten Manual.

Bemerkung. Es ist des öfteren vorgekommen, daß sogar von Sachverständigen die letztgenannte Pedalkoppel wegen einer geringfügigen Mehrausgabe gestrichen wurde. Hat nun z. B. eine kleinere Orgel, wie es so häufig vorkommt, im Pedal Violon 16′, Subbaß 16′ und Oktavbaß 8′, fehlt ihr also ein schwacher 8′ und die Pedalkoppel zum zweiten Manual, so dürfte eine schöne Pianoregistrierung im Pedal nicht gut möglich sein. Durch Pedalkoppel zum zweiten Manual kann eine entsprechende Pianoregistrierung leicht gewonnen werden, indem man den Subbaß 16′ mit einem sanften Register des zweiten Manuals, z. B. mit Dolce 8′ verbindet.

In kleineren Werken bis zu 15 Stimmen fehlt es oft an Raum oder Mitteln zu einem Bordun 16′ im ersten Manual. Will man in solchen Fällen dennoch eine größere Abwechslung der Stimmen haben, so tut eine Suboktavkoppel vom zweiten zum ersten Manual treffliche Dienste. Es handelt sich bei diesem Nebenzug nicht um die Aufstellung eigener Pfeifen, sondern lediglich um die Verbindung des ersten Manuals von c aufwärts mit dem zweiten Manual von C an durch eine, mit geringen Kosten herzustellende pneumatische Überführung im Spieltisch, die Anbringung eines Registerzuges und einer Koppel, so daß bei eingestellter Suboktavkoppel im ersten Manual die nächsttiefere Oktave eines jeden im zweiten Manual gezogenen Registers miterklingt. Wenn dieser Nebenzug auch den Bordun 16′ nicht vollständig ersetzen kann, weil die Töne des ersten Manuals von c abwärts außerhalb der Wirkung der Suboktavkoppel bleiben müssen, obgleich die Ergänzung dieser fehlenden Töne in den meisten Fällen das Pedal übernehmen kann, so dient Suboktavkoppel doch in kleineren und größeren Werken zur Erzielung gewisser Klangeffekte, welche mit Bordun 16′ nie möglich wären; sodann bewirkt dieser Nebenzug einen tiefen, sonoren, nicht zu dicken Klang des ersten Manuals und damit in eigenartiger Weise eine willkommene Füllung des Orgeltones. Jedenfalls aber wäre es von großem Wert, wenn wenigstens von einer 8-füßigen Stimme des zweiten Manuals die 16′ Oktave durchgeführt werden könnte. — Eine der Suboktavkoppel entgegengesetzte Wirkung hat die häufig anzutreffende Superoktavkoppel, die Terza mano der Italiener. Durch diese Koppel, die sowohl in den einzelnen Manualen selbst oder von einem in das andere (II—I, III—II, III—I) wirken kann, erklingt bei jedem angeschlagenen Ton jeweils die nächsthöhere Oktave mit, wodurch auf billige Weise die Tonkraft der Orgel wesentlich verstärkt wird. Freilich darf diese Koppelung nicht bloß bis f^3 bzw. g^3 oder a^3 geführt werden, wie man dies leider so häufig antrifft, sondern ihre Wirkung muß sich bis f^4 erstrecken, weil im entgegengesetzten Falle die oben genannte Verstärkung nach f^2 plötzlich abbricht und aufhört, was musikalisch unrichtig ist. Bei der Anlage kleiner Orgeln fehlt es oft an Platz oder Geld, um eine Mixtur einzuführen. In solchen Fällen tut eine Superoktavkoppel gute Dienste. Auch dem Pedal kann durch Superoktavkoppel eine höhere Oktave von Pfeifen zugefügt werden. — Als eine

weitere Koppel, die jedoch wenig in Anwendung kommt, ist die Melodiekoppel zu erwähnen, durch welche das Miterklingen nur des
höchsten Tones eines gegriffenen Akkords betätigt wird. Während
die Superoktavkoppel sämtliche Töne erklingen läßt, z. B. beim Akkord
c^1 e^1 g^1 c^2 die nächsthöhere Oktave c^2 e^2 g^2 c^3, tönt bei der Melodiekoppel nur c^3 zu den erstgenannten Tönen. Wie schon der Name
besagt, wird durch diese Koppel nur die Melodie hervorgehoben. Man
wird sie deshalb nur beim Choralspiel praktisch verwerten. Bei wenig
bekannten Choralmelodien wird Melodiekoppel gute Dienste tun.

Bemerkung. Dem Überführen einer Stimme in eine andere
kann nur bei Platz- oder Geldmangel zugestimmt werden.

III. Andere wichtige Nebenzüge und Einrichtungen der modernen pneumatischen Orgel.

In größeren, vielfach auch schon in kleineren pneumatischen
Werken — und von solchen dürfte heutzutage doch nur mehr die Rede
sein — verwendet man außer den genannten Nebenzügen noch die
sog. freien und feststehenden Kombinationen (Manubrien, Druckknöpfe, Tritte), den Rollschweller (Crescendozug), den Jalousieschweller
oder das Echowerk, das Echofernwerk, das Pianopedal, den Tremulant.

Freie und feststehende Kombinationen, Rollschweller und Pianopedal schließen auch die Kopplungen in sich ein. Eine freie Kombination besteht darin, daß man sowohl alle einzelnen Register als
auch Koppeln mittels kleiner Züge, Kipptasten u. dgl. vorbereiten
kann, welche, durch einen entsprechend bezeichneten Druckknopf eingestellt, zum Erklingen gebracht werden können. Die freien Kombinationen schalten die Handregistrierung ohne weiteres aus. Feststehende Kombinationen nennt man Registermischungen in verschiedenen Stärkegraden (P. MF. F. Tutti), deren Einstellung entweder
durch einen Tritt (Kollektivtritt) oder einen Druckknopf bewerkstelligt
wird. Beide lösen sich in der Regel gegenseitig aus. Die Ausschaltung
geschieht durch einen besonderen Tritt oder Druckknopf. Wenn feste
Kombinationen eingefügt werden — bei Vorhandensein eines Rollschwellers können sie wohl wegbleiben, da sie manche Organisten ver-
leiten, die Handregistrierung ganz außer acht zu lassen — sollen sie
derart eingerichtet werden, daß zu ihnen noch hinzuregistriert werden
kann. Es darf also die Handregistrierung nicht ausgeschaltet werden.
Tritte für feste Kombinationen sind nur für Tutti oder Generaltutti
zu empfehlen. Die Druckknöpfe sind am besten unterhalb der Klaviatur
des ersten Manuals anzubringen. Sie können dann während des Spieles
benutzt werden, ohne daß die Hände von der Klaviatur entfernt werden

müssen. — Eine der wichtigsten Spielhilfen ist der Registerschweller, auch Rollschweller, Generalcrescendo oder kurzweg Walze genannt. Er wird zweckmäßig nur als eine mit gerippter Gummiplatte überzogene Rolle (Walze) angelegt, durch deren mit dem rechten Fuß zu betätigenden Vorwärtsbewegung die Register nacheinander zum Erklingen gebracht werden können. Es ist also dadurch eine beliebige dynamische Steigerung oder Abminderung der Tonstärke möglich. Zu einem Registerschweller gehört eine Zeigervorrichtung, die dem Spieler das Feststellen des jeweils eingestellten Stärkegrades ermöglicht. Ferner muß vorhanden sein je ein Druckknopf »Rollschweller ab« und »Handregister ab«. Diese beiden Knöpfe erhalten ihre Bedeutung nur dann, wenn der Registerschweller die Handregister nicht ausschaltet, wodurch die Möglichkeit eines Hinzuregistrierens oder Vorbereitens gewisser Register gegeben ist. Demgemäß kann z. B. die Handregistrierung beliebig eingestellt und der Druckknopf »Handregister ab« gedrückt sein, durch seine Auslösung kommen die vorbereiteten Register zu den Stärkegraden des Registerschwellers hinzu. Wird Druckknopf »Registerschweller ab« gedrückt, erklingt nur die Handregistrierung. Es ist demnach eine weitere Kombinationsmöglichkeit gegeben. — Was den Jalousieschweller oder das Echowerk anbelangt, so sollte diese wertvolle Einrichtung schon in kleineren Kirchenorgeln angebracht werden. Zu diesem Zwecke stellt man das Nebenmanual oder einen Teil desselben in einen Kasten aus starkem Holz, der in der Regel mit aufrechtstehenden, dichtschließenden, in ihrer jeweiligen Stellung verharrenden Jalousien versehen ist. Letzere können mittels eines Fußtrittes — rechts unten am Spieltisch, Fig. 16 — geöffnet oder geschlossen werden, wodurch der Klang des betreffenden Registers, nach und nach zur vollen Stärke anwachsend, immer näher zu kommen scheint, während er sich im entgegengesetzten Falle abnehmend in der Ferne verliert. Wird das Echowerk nicht in süßlich sentimentaler Weise oder im Dienste einer verwerflichen Effekthascherei gebraucht, so hat der Organist in dieser Einrichtung ein Mittel mehr, um ergreifend und rührend auf die Zuhörer zu wirken. — Ganz vereinzelt fand man bis vor wenigen Jahren in großen Werken das sog. Echofernwerk. Seit Einführung der Röhrenpneumatik findet diese Einrichtung immer mehr Eingang. Das Echofernwerk ist eigentlich eine kleine Orgel für sich und steht meistens auf dem Dachboden der Kirche in einem gemauerten Kasten, von welchem aus der Orgelton in einem weiten Schallkanal über dem Gewölbe der Kirche fortgeleitet wird bis zu einer im Gewölbe angebrachten Öffnung, etwa in der Mitte der Kirche oder auch näher am Altar. Diese Öffnung ist mit einer Jalousiewand dicht abgeschlossen. Das ganze Echofernwerk samt den

Jalousien steht mit dem Spieltisch in Verbindung, entweder pneumatisch oder elektrisch oder auch elektropneumatisch. Bei Orgeln mit
drei oder vier Manualen ist bei Vorhandensein eines Echofernwerkes
das dritte oder vierte Manual als solches ganz oder nur teilweise angelegt. Auch wird bei so großen Werken häufig noch das zweite Manual
mit einem Schwellwerk ausgestattet. Die Wirkung einer solchen gut
gelungenen Anlage ist stets von bezauberndem Reize.

Die bis jetzt genannten Koppeln, Nebenzüge, Druckknöpfe usw.
sind, abgesehen von den eigentlichen Registerzügen, die gebräuchlichsten
Einrichtungen, welche wir am Spieltisch der modernen Orgel finden.
Tausende von Klangschönheiten sind durch sie möglich und einem
begabten Orgelspieler ist nun Gelegenheit geboten, die orchestralen
Wirkungen der Orgel zu entfalten und letztere zur Königin der Instrumente zu erheben. — Außer diesen Nebenzügen und Druckknöpfen
findet man bei größeren Werken auch noch Druckknöpfe für den Prin-
zipal-, Geigen-, Flöten- und Zungenchor usw., dann solche für das
Pianopedal. Diese Einrichtung ist namentlich bei größeren Werken
sehr angezeigt und hat den Vorteil, daß man, vom Hauptmanual auf
ein Nebenmanual übergehend, zu letzterem mittels eines Druckes sofort
eine entsprechende Pedalregistrierung hat. In neuerer Zeit werden
diese Pianopedals automatisch fungierend eingerichtet in der Art, daß,
sobald man nur eine Taste des zweiten Manuals berührt, die schwache
Registrierung des Pedals in Funktion tritt, während die starke Registrierung desselben sich ausschaltet. Diese Art des Pianopedals hat
sich jedoch als nicht zweckmäßig erwiesen. — Bei Konzertorgeln ist
der Spieltisch hinsichtlich der Züge und Druckknöpfe reicher ausgestattet als bei Kirchenorgeln; sonst besteht kein wesentlicher Unterschied zwischen beiden. Eine gut und reichlich disponierte Kirchenorgel kann selbstverständlich auch als Konzertorgel verwendet werden.

Bei größeren Werken trifft man jetzt häufiger auch Tremulanten
an, die entweder für sämtliche Register eines im Schwellwerk stehenden
Manuals oder für eine einzelne Stimme, z. B. Vox humana 8', eingerichtet sind. Flötenstimmen in Verbindung mit einem Tremulanten
sind von besonders guter Wirkung. Nicht allzu oft, geschmackvoll und
nicht auf mehrere Stimmen angewendet, mag auch der Tremulant seine
Berechtigung haben. — Endlich sei noch eine Spielhilfe genannt, die
nur bei größeren Werken vorkommt, nämlich die sog. Leerlaufkoppel, besser ausgedrückt, die »Einstellung für das erste Manual«, in der Regel als Tritt vorkommend. Diese Einrichtung ermöglicht es, die Register des ersten Manuals eigens vorzubereiten, so
daß sie nur dann erklingen, wenn der Tritt gedrückt wird (Garnisonskirche, Straßburg; Christuskirche, Mannheim).

IV. Praktische Beispiele für Orgeldispositionen.

Als praktische Beispiele mögen nun einige Orgeldispositionen folgen, wie solche häufig Anwendung finden. Die disponibeln Mittel, akustische und räumliche Verhältnisse, besondere Wünsche der Gemeinde, des Organisten oder Sachverständigen können selbstredend größere oder kleinere Änderungen in der Anordnung und Stimmenzahl notwendig machen.

1. Orgeln mit 1 Manual.

1. Mit 4 klingenden Stimmen:
   Manual: 1. Salicional 8', 2. Gedackt 8', 3. Fugara 4';
   Pedal: 4. Bordunbaß 16';
   Nebenzüge: Pedalkoppel, Superoktavkoppel im Manual, Druckknopf F.

2. Mit 5 klingenden Stimmen:
   Manual: 1. Prinzipal 8', 2. Salicional 8', 3. Rohrflöte 8', 4. Oktav 4';
   Pedal: 5. Gedacktbaß 16';
   Nebenzüge: Pedalkoppel, Superoktavkoppel im Manual, Druckknopf F.

2. Orgeln mit 2 Manualen.

3. Mit 6 klingenden Stimmen:
   I. Manual: 1. Geigenprinzipal 8', 2. Flöte 8', 3. Oktav 4';
   II. Manual: 4. Salicional 8', 5. Lieblichgedackt 8';
   Pedal: 6. Subbaß 16';
   Nebenzüge: Manualkoppel, Pedalkoppel zum I. Manual, Pedalkoppel zum II. Manual, Superoktavkoppel im I. Manual, Suboktavkoppel II. zum I. Manual, Druckknopf F.

4. Mit 8 klingenden Stimmen:
   I. Manual: 1. Prinzipal 8', 2. Hohlflöte 8', 3. Oktav 4', 4. Mixtur $2^2/_3'$;
   II. Manual: 5. Salicional 8', 6. Zartgedackt 8', 7. Traversflöte 4';
   Pedal: 8. Subbaß 16';
   Nebenzüge: Manualkoppel, Pedalkoppel zum I. Manual, Pedalkoppel zum II. Manual, Superoktavkoppel II. zum I. Manual, Suboktavkoppel II. zum I. Manual, Druckknopf Tutti, Pianopedal im II. Manual.

5. Mit 8 klingenden Stimmen und einer Transmission:
   I. Manual: 1. Geigenprinzipal 8', 2. Gemshorn 8', 3. Oktav 4';
   II. Manual (Schwellwerk): 4. Äoline 8', 5. Vox coelestis 8', 6. Bordun 8', 7. Fernflöte 4';

Pedal: 8. Subbaß 16';

Transmission: Zartbaß 16' durch Windabschwächung aus Nr. 8;

Nebenzüge: Manualkoppel, Pedalkoppel zum I. Manual, Pedalkoppel zum II. Manual, Superoktavkoppel im I. Manual,
Superoktavkoppel im II. Manual, Suboktavkoppel II. zum
I. Manual, Druckknopf F, Druckknopf Tutti, Druckknopf Auslösung, Pianopedal II. Manual, Schwelltritt zum II. Manual.

6. **Mit 10 klingenden Stimmen:**

   I. Manual: 1. Prinzipal 8', 2. Dolce 8', 3. Soloflöte 8', 4. Oktav 4',
   5. Mixtur $2^2/_3'$;

   II. Manual: 6. Viola di Gamba 8', 7. Salicional 8', 8. Lieblichgedackt 8', 9. Gemshorn 4';

   Pedal: 10. Subbaß 16';

   Nebenzüge: Manualkoppel, Pedalkoppel zum I. Manual, Pedalkoppel zum II. Manual, Superoktavkoppel II. zum I. Manual,
   Suboktavkoppel II. zum I. Manual, Druckknopf MF., Druckknopf Tutti, Druckknopf Auslösung, Pianopedal II. Manual.

7. **Mit 12 klingenden Stimmen:**

   I. Manual: 1. Prinzipal 8', 2. Viola di Gamba 8', 3. Konzertflöte
   8', 4. Oktav 4', 5. Kornettmixtur $2^2/_3'$;

   II. Manual: 6. Geigenprinzipal 8', 7. Salicional 8', 8. Bordun 8',
   9. Quintatön 8', 10. Viola 4';

   Pedal: 11. Subbaß 16', 12. Violon 8';

   Nebenzüge: wie bei Nr. 6.

8. **Mit 16 klingenden Stimmen und einer Transmission:**

   I. Manual: 1. Prinzipal 8', 2. Viola di Gamba 8', 3. Orchesterflöte
   8', 4. Gemshorn 8', 5. Oktav 4', 6. Mixtur 2';

   II. Manual (Schwellwerk): 7. Flötenprinzipal 8', 8. Violine 8',
   9. Vox angelica 8', 10. Zartgedackt 8', 11. Salizet 8', 12. Rohrflöte 4', 13. Sesquialtera $2^2/_3'$ und $1^3/_5'$;

   Pedal: 14. Violon 16', 15. Subbaß 16', 16. Prinzipalbaß 8';

   Transmissionen: Stillgedackt 16' aus Nr. 15;

   Nebenzüge: wie Nr. 7. Dazu: Superoktavkoppel im II. Manual,
   Suboktavkoppel im II. Manual, Generalcrescendo (Walze oder
   Rollschweller), Druckknopf oder Tritt: Tutti, Druckknopf:
   Walze ab, Druckknopf: Handregister ab, Zeiger für General-
   crescendo, Zeiger für Schwellwerk, Schwelltritt II. Manual.

9. **Mit 23 klingenden Stimmen und einer Transmission:**

   I. Manual: 1. Prinzipal 8', 2. Bordun 16', 3. Viola 8', 4. Spitzflöte 8', 5. Großgedackt 8', 6. Oktav 4', 7. Rohrflöte 4',
   8. Rauschquinte $2^2/_3'$, 5. Mixtur $1\frac{1}{3}'$;

II. Manual (Schwellwerk): 10. Hornprinzipal 8', 11. Salicional 8',
12. Tibia 8', 13. Vox coelestis 8', 14. Lieblich Gedackt 8',
15. Quintatön 8', 16. Schalmei 4', 17. Flauto dolce 4',
18. Kornettino 4', 19. Trompete 8';
Pedal: 20. Kontrabaß 16', 21. Subbaß 16', 22. Violoncello 8',
23. Gedacktbaß 8';
Transmissionen: Zartbaß 16' aus Nr. 2;
Nebenzüge: wie Nr. 8; dazu: eine freie Kombination.
10. Mit 32 Stimmen und einer Transmission:
I. Manual: 1. Tibia major 16', 2. Prinzipal 8', 3. Viola di Gamba
8', 4. Dolce 8', 5. Gedackt 8', 6. Harmonieflöte 8', 7. Oktav 4',
8. Rohrflöte 4', 9. Oktav 2', 10. Quinte $2^2/_3'$, 11. Mixtur 2',
12. Trompete 8';
II. Manual (Schwellwerk): 13. Bordun 16', 14. Geigenprinzipal 8',
15. Salicional 8', 16. Äoline 8', 17. Vox coelestis 8', 18. Lieblichgedackt 8', 19. Quintatön 8', 20. Jubalflöte 8', 21. Prestant
4', 22. Flauto amabile 4', 23. Flautino 2', 24. Sesquialter $2^2/_3'$,
25. Klarinette 8';
Pedal: 26. Kontrabaß 16', 27. Subbaß 16', 28. Oktavbaß 8',
29. Violoncello 8', 30. Flötbaß 4', 31. Quintbaß $10^2/_3'$, 32. Posaune 16', 33. Zartbaß 16', Transmission aus Nr. 13;
Nebenzüge: 1. Manualkoppel, 2. Pedalkoppel zum I. Manual;
3. Pedalkoppel zum II. Manual, 4. Suboktavkoppel im II. Manual, 5. Superoktavkoppel im II. Manual (durchgeführt bis a⁴),
6. I. freie Kombination, 7. II. freie Kombination, 8. Auslöser,
9. Pianopedal im II. Manual, 10. Tremulo im II. Manual,
11. Handregister ab, 12. Zungen ab, 13. Walze ab (Nr. 1—13
sind als Druckknöpfe eingerichtet), 15. Piano, 16. Mezzoforte,
17. Forte, 18. Tutti, 19. Auslöser, 20. Generalkoppel (Nr. 15
bis 20 sind als Tritte eingerichtet), 21. Generalcrescendo als
Walze, 22. Schwelltritt II. Manual, 23. Zeiger für Schwellwerk,
24. Zeiger für Generalcrescendo (St. Moritz in Ingolstadt:
Steinmeyer & Co.).

3. Orgeln mit 3 Manualen.
11. Mit 38 klingenden Stimmen und zwei Transmissionen:
I. Manual: 1. Bordun 16', 2. Prinzipal 8', 3. Viola di Gamba 8',
4. Hohlflöte 8', 5. Quintatön 8', 6. Flauto dolce 8', 7. Oktav 4',
8. Rohrgedackt 4', 9. Mixtur 2', 10. Trompete 8';
II. Manual: 11. Flötenprinzipal 8', 12. Salicional 8', 13. Fugara
8', 14. Gedackt 8', 15. Geigenprinzipal 4', 16. Traversflöte 4',
17. Sesquialtera $2^2/_3'$, 18. Piccolo 2';

III. Manual (Schwellwerk): 19. Rohrflöte 16′, 20. Hornprinzipal
8′, 21. Schalmei 8′, 22. Äoline 8′, 23. Vox coelestis 8′, 24. Gemshorn 8′, 25. Jubalflöte 8′, 26. Echobordun 8′, 27. Prestant 4′,
28. Flûte harmonique 4′, 29. Progressivharmonika 2²/₃, 30. Flageolett 2′, 3. Larigot 2′, 32. Klarinett 8′, 33. Oboe 8′;

Pedal: 34. Kontrabaß 16′, 35. Subbaß 16′, 36. Violoncello 8′,
37. Prinzipalbaß 8′, 38. Posaune 16′;

Transmissionen: Zartbaß 16′ aus Nr. 16, Gedacktbaß 8′ aus
Nr. 26;

Nebenzüge: Manualkoppel II—I, Manualkoppel III—I, Manual-
koppel III—II, Pedalkoppel I, Pedalkoppel II, Pedalkoppel
III, Superoktavkoppel III, Suboktavkoppel III, Superoktav-
koppel III—I, Suboktavkoppel III—I, Superoktavkoppel
II—I, Suboktavkoppel II—I, Superoktavkoppel III zum
Pedal, Generalkoppel, 2 freie Kombinationen, Rollschweller,
Tritt für Tutti, Tritt für Generaltutti; Druckknopf: „Walze ab“,
Druckknopf: „Handregister ab“, Druckknopf: „Zungen ab“,
Pianopedal II. Manual, Pianopedal III. Manual, Tremulo III.
Manual, Zeiger für Rollschweller, Zeiger für Schwellwerk III.
Manual.

4. Orgel mit 4 Manualen.

12. Mit 91 klingenden Stimmen und einer transmittierten
Stimme:

I. Manual: 1. Großprinzipal 16′, 2. Bordun 16′, 3. Prinzipal 8′,
4. Viola di Gamba 8′, 5. Gemshorn 8′, 6. Gedackt 8′, 7. Jubalflöte 8′ HD. Schwellwerk, 8. Spitzflöte 8′, 9. Oktav 4′, 10. Fugara 4′, 11. Traversflöte 4′, 12. Superoktav 2′, 13. Quintflöte
5⅓′, 14. Quinte 2²/₃′, 15. Kornett 8′ 3—6fach, 16. Mixtur 2′
5fach, 17. Zimbel ²/₃′ 4fach, 18. Tuba mirabilis 8′ HD. Schwellwerk, 19. Clarine 4′ HD. Schwellwerk;

II. Manual (Schwellwerk): 1. Rohrflöte 16′, 2. Geigenprinzipal 8′,
3. Salicional 8′, 4. Unda maris 8′, 5. Dulciana 8′, 6. Doppel-
gedackt 8′ (durchgeführt bis C̱), 7. Nachthorn 8′, 8. Konzertflöte 8′, 9. Kleinprinzipal 4′, 10. Gemshorn 4′, 11. Rohrflöte 4′,
(durchgeführt bis C̱), 12. Flauto dolce 4′, 13. Piccolo 2′, 14. Sesquialtera 2²/₃′ 2fach, 15. Larigot 2′ 2fach, 16. Zimbel 1′ 3fach,
17. Klarinette 8′;

III. Manual (Schwellwerk): 1. Stillgedackt 16′, 2. Hornprinzipal 8′,
3. Viola 8′, 4. Äoline 8′, 5. Vox coelestis 8′, 6. Lieblichgedackt 8′
(durchgeführt bis C̱), 7. Quintatön 8′, 8. Soloflöte 8′, 9. Zart-
flöte 8′, 10. Prinzipal 4′, 11. Dolce 4′ (durchgeführt bis C̱),

12. Kleingedackt 4′, 13. Fernflöte 4′, 14. Flageolett 2′, 15. Piccolo 1′, 16. Gemsquinte 2²/₃′, 17. Terz 1³/₅′, 18. Superquinte 1⅓′, 19. Septime 1¹/₇′, 20. Plein jeu 2²/₃′ 5 fach, 21. Fagott 16′, 22. Trompette harmonique 8′, 23. Oboe 8′, 24. Clairon 4′;

IV. Manual (Fernwerk): 1. Quintatön 16′, 2. Prinzipal 8′, 3. Echogamba 8′, 4. Vox angelica 8′, 5. Bordun 8′ (durchgeführt bis C̲), 6. Hellflöte 8′, 7. Seraphonfugura 4′, 8. Harmonieflöte 4′ (durchgeführt bis C̲), 9. Flautino 2′, 10. Progressivharmonika 2²/₃′ 3 fach, 11. Trompete 8′, 12. Vox humana 8′, 13. Glockenspiel;

Pedal im Fernwerk: 14. Violon 16′, 15. Bordunbaß 16′, 16. Prinzipal 8′;

Pedal: 1. Untersatz 32′, 2. Prinzipalbaß 16′, 3. Kontrabaß 16′, 4. Subbaß 16′, 5. Zartbaß 16′ aus Nr. 1 des III. Manuals, 6. Oktavbaß 8′, 7. Violoncello 8′, 8. Gedacktbaß 8′, 9. Choralbaß 4′, 10. Baßflöte 4′, 11. Quintbaß 10²/₃′, 12. Mixtur 5⅓′ 5 fach, 13. Bombarde 32′, 14. Posaune 16′, 15. Trompete 8′, 16. Clairon 4′, Nr. 4, 8 und 10 sind im Schwellwerk des II. Manuals plaziert;

Nebenzüge und Spielhilfen: 1. Koppel II. Manual zum I. Manual, 2. Koppel III. Manual zum I. Manual, 3. Koppel III. Manual zum II. Manual, 4. Koppel I. Manual zum Pedal, 5. Koppel II. Manual zum Pedal, 6. Koppel III. Manual zum Pedal, 7. Koppel IV. Manual zum Pedal (Nr. 1—7 als Druckknöpfe und Tritte mit Doppelwirkung), 8. Superoktavkoppel II. zum I. Manual (durchgeführt bis a⁴ als Tritt), 9. Suboktavkoppel II. zum I. Manual (durchgeführt bis C̲ als Tritt), 10. Superoktavkoppel im II. Manual (durchgeführt bis a⁴ als Tritt), 11. Superoktavkoppel III. zum II. Manual (durchgeführt bis a⁴ als Tritt), 12. Suboktavkoppel III. zum II. Manual (durchgeführt bis C̲ als Tritt), 13. Superoktavkoppel III. zum I. Manual (durchgeführt bis a⁴ als Tritt), 14. Suboktavkoppel III. zum I. Manual (durchgeführt bis C̲ als Tritt), 15. Superoktavkoppel im III. Manual (durchgeführt bis a⁴ als Tritt), 16. Suboktavkoppel im III. Manual (durchgeführt bis C̲ als Tritt), 17. Superoktavkoppel im IV. Manual (durchgeführt bis a⁴ als Taste), 18. Suboktavkoppel im IV. Manual (durchgeführt bis C̲ als Taste), 19. Superoktavkoppel II. Manual zum Pedal (durchgeführt bis f² als Tritt), 20. Generalkoppel ohne Oktavkoppeln als Tritt, 21. Generalkoppel mit allen Oktavkoppeln als Tritt, 22. Leerlaufkoppel im I. Manual als Tritt, 23. Freie Kombination I. Manual als Druckknopf, 24. freie Kombination

II. Manual als Druckknopf, 25. freie Kombination III. Manual
als Druckknopf, 26. freie Kombination IV. Manual als Druckknopf, 27. freie Kombination Pedal als Druckknopf, 28. Ge-
neralfreikombination I. als Druckknopf, 29. Generalfreikom-
bination II. als Druckknopf, 30. Absteller für Handregister als
Druckknopf, 31. Absteller für Walze als Druckknopf, 32. Absteller für Zungen als Druckknopf, 33. Absteller für Manualstimmen 16′ als Tritt, 34. Tutti als Tritt, 35. Generaltutti als
Tritt, 36. Generalcrescendo als Walze mit Zifferblatt, 37. Pianopedal für das II. Manual als Druckknopf, 38. Pianopedal für
das III. Manual als Druckknopf, 39. Pianopedal für das
IV. Manual als Druckknopf, 40. Prinzipalchor als Druckknopf,
41. Gambenchor als Druckknopf, 42. Flötenchor als Druckknopf, 43. Tremulo für II. Manual als Druckknopf, 44. Tremulo
für III. Manual als Druckknopf, 45. Tremulo für IV. Manual
als Druckknopf, 46. Schwellwerk I. Manual (3 Stimmen),
47. Schwellwerk II. Manual, 48. Schwellwerk III. Manual,
49. Schwellwerk IV. Manual, mit zwei voneinander unabhängigen, je für sich einzeln zu verwendenden Jalousiewänden,
50. Schwellwerkzeiger für das I. Manual, 51. Schwellwerkzeiger für das II. Manual, 52. Schwellwerkzeiger für das III.
Manual, 53. Schwellwerkzeiger für das IV. Manual A und B,
54. mechanischer Auslöser der Normalkoppeldruckknöpfe,
55. mechanischer Auslöser der Oktavkoppeltritte;

I. II. III. Manual und Pedal mit pneumatischer, IV. Manual
(Fernwerk) mit elektrischer Traktur (Christuskirche in Mannheim: Steinmeyer & Co.).

5. Kostenberechnung.

Die Kostenberechnung muß stets mit der Disposition verbunden sein. Wegen der schwankenden Materialpreise und Arbeits-
löhne läßt sich aber ein bestimmter Registerpreis heutzutage nicht
gut angeben. Diesen regelt von Zeit zu Zeit der Verband der Orgelbaumeister Deutschlands nach den jeweiligen Verhältnissen.

Ein Wort wäre noch über die Orgelgehäuse zu sagen. Manche
Kirchenorgeln weisen alte, gebrechliche Orgelgehäuse auf, die nicht
selten einen hohen künstlerischen Wert haben. Solche Gehäuse müssen
bei einem Orgelneubau, auch wenn sich bei ihnen Schäden verschie-
denster Art zeigen sollten, unter allen Umständen beibehalten und entsprechend restauriert werden. Die Aufsicht über künstlerische Re-
stauration führt das Generalkonservatorium zur Erhaltung der Kunst-
denkmäler Bayerns in München.

Neunter Abschnitt.

Registrierung.

Wie der Komponist die Kunst der Instrumentation, der Maler die Zusammenstellung der Farben gründlich verstehen muß, so ist es eine der vornehmsten Aufgaben des Organisten, sich mit der Kunst des Registrierens vertraut zu machen, damit er die verschiedenen Register seiner Orgel nach ästhetischen und akustischen Gesetzen verbinden und mischen[1] kann, soll dieses großartigste aller Musikinstrumente eine mannigfache Tonstärke, Tonfülle und Tonfarbe (Klangfarbe) hervorbringen. Erschöpfende Betrachtungen können auf diesem Gebiete freilich nicht angestellt werden, da die einzelnen Orgeldispositionen zu sehr voneinander abweichen und die Akustik und Größe der Kirche, auch der Standort der Orgel und andere Faktoren von Einfluß auf die Klangwirkung des Werkes sind. Manche Winke über Registermischungen sind bereits im siebenten Kapitel: »Die gebräuchlichen Orgelregister, deren Mensur, Toncharakter und zweckmäßige Verbindung« (Seite 75 ff.) gegeben worden. Unter anderen trefflichen Werken, welche sich eingehend mit dieser Materie beschäftigen, sei das dort öfter zitierte Buch: »Erklärung der Orgelregister und ihrer Klangfarben« von Karl Locher ausdrücklich als ungemein lehrreich und anregend empfohlen, ebenso die ausgezeichnete Schrift J. Weipperts: »Die Orgel«, Regensburg bei Joseph Manz.

Im allgemeinen beherzige man bezüglich der Registrierung folgende Ratschläge:

Das Registrieren wird am besten auf empirischem Wege durch sorgfältigstes Studium der einzelnen Register der eigenen Orgel nach Tonhöhe, Tonstärke, Tonschärfe, Tonfülle und Tonfarbe, durch Forschen, Hören, Vergleichen, durch Stärkung des Tongedächtnisses erlernt. Eine Vereinigung passender Register läßt gar bald die überraschendsten Klangeffekte hören. Können doch mit 4 Registern bereits 15, mit 10 Grundstimmen (wenn auch nur theoretisch) 1023 und mit 20 Registern sogar 1048575 verschiedene Zusammenstellungen gemacht werden! Der Orgelton, ob stark oder schwach, hat sich zu richten nach der Bedeutung der kirchlichen Feier, nach der Anzahl der Gemeindemitglieder (die Orgel soll ja den Gemeindegesang unterstützen), nach dem Inhalte des Liedes usw. Der Orgelklang soll stets eine einheitliche, in sich geschlossene Tonmasse zur Darstellung bringen. Im Manual

müssen deshalb die 8füßigen Register, die Grundstimmen, ohne Ausnahme die Grundlage aller Registrierung bilden, weil sie einzeln oder
mit anderen derselben Gattung verwendet werden können und der
menschlichen Stimme am angemessensten erscheinen. Schon in Prätorius' Syntagma musicum (1618) heißt es in dieser Beziehung: »Dieser
Corpus Größe oder 8füßiger Ton ist der allerliebste, auch der Menschen-
stimme und aller vornehmbsten Instrumenten ähnlicher Aequal-Ton,
darinnen auch ein sonderbares Geheimnis verborgen; solcher 8' Ton
aller anderen kleinen Stimmen ihre heimlich in sich habende Unreinig-
keit auf und an sich nimpt und zu seiner eigenen Reinigkeit und Ehren
bringet. «

Und gerade die neueren Orgeldispositionen berücksichtigen gegenüber den älteren Werken mit ihren oft schreienden Stimmen, mit ihrem
»jungen Klang« vorzugsweise den 8' Ton, wodurch der Klang unserer
Orgeln ein edler, ergreifender, voller und männlicher wird. Zu diesen
8' Registern des Manuals gesellen sich als natürliche Bässe die 16' Stimmen im Pedal, dessen Registerzahl sich stets nach der Stärke des Manuals
zu richten hat. Doch darf das Pedal stets etwas kräftiger klingen als
das Manual. Ausnahmen bestätigen auch hier die Regel. Durch Zuziehen der 4', 2'- und 1'-Register im Manual, der 32', 8' und 4' im Pedal,
der Füll- und gemischten Stimmen in der Weise, daß eine Stimme der
anderen zu Hilfe kommt, wird der Orgelton verstärkt, geklärt und
erfrischt. Größere Stimmen werden nämlich durch kleinere gehoben,
sie gewinnen an Bestimmtheit und Deutlichkeit; umgekehrt nehmen
die ersten den letztgenannten das Schreiende und Winzige ihres Toncharakters. Der Orgelklang kann aber nur dann dem Gehör gerecht
werden, wenn die Nebenstimmen zu der Grundklangmasse in einem
ebenmäßigen Verhältnis stehen, wenn sie dieselbe nur begleiten, nicht
überschreien. Es wäre deshalb falsch, zu einem einzigen schwachen 8'
zwei starke 4' oder einen starken 4' und zwei 2' zu ziehen. Dadurch
würde der Ton zu grell. Die Ebenmäßigkeit des Orgelklanges verbietet
es aber auch, in der Tonregion von unten nach oben Lücken entstehen
zu lassen. Zu einem 8' kann man nicht sofort einen 2', zu einem 16'
nicht plötzlich einen 4' ziehen, weil dort der 4' und die Quinte $2^2/_3'$,
hier der 8' und die Quinte $5^1/_3'$ ausgelassen wären. Die Mixturen treten
nur zum vollen Werk. Pianissimo spielt man am wirksamsten ohne
Pedal. — Beim Registrieren ist auch darauf zu achten, daß die offenen,
hellklingenden Register in einem günstigen Mischungsverhältnis zu den
gedeckten, dumpfen stehen, daß Zinn-, Metall- und Holzregister zu-
sammenklingen, daß die Zungenstimmen in richtiger, d. h. ohrgerechter
Weise mit den Labialstimmen verbunden werden. — Über Notwendig-
keit und Bedeutung der Koppeln wurde bereits Seite 94ff. gesprochen.

Eine der interessantesten Registrierungen ist jene für Orgeltrios notwendige. Von dem Komponisten zumeist selbst angegeben, wirkt sie so, als ob drei verschiedene Instrumente zusammenspielten, weil das Pedal und die zwei Manuale fast gleich stark aber in verschiedener Tonfarbe registriert sind.

Bezüglich der Tonstärke, welche selbstverständlich von der Größe des Orgelwerkes abhängt, unterscheidet man fünf Hauptarten der Registrierung: die sehr sanfte (pp), die sanfte (p), die mäßig starke (mf), die kräftige (F) und die sehr starke oder Fortissimo-Registrierung (FF).

Von einer oder einigen sanften Stimmen des Nebenmanuals ohne oder mit Pedal (Subbaß 16' und Pedalkoppel) ausgehend, wird sich der Orgelklang allmählich steigern durch kunstgerechtes Zuziehen der sanften, dann der kräftigeren und vollen Grundstimmen einschließlich der Zungenregister, der Neben- und Füllstimmen, zuletzt des vollen Werkes — von sanften, ernsten, traurigen und wehmütigen Tönen zu klaren, heiteren Klängen, zuletzt zu prächtigen und festlichen Klangmassen.

Zehnter Abschnitt.

Schutz und Instandhaltung der Orgel.

Die Orgel, ein ungemein kompliziertes Werk, ist vor schädlichen Einflüssen sorgfältigst zu schützen und stets in bestem Zustande zu erhalten. Das ganze Werk sei bis zu einer gewissen Höhe durch ein Gehäuse geschützt, der Klaviaturschrank oder Spieltisch vollständig verschließbar; die Bälge müssen wohl verwahrt und die Gewichte auf den Oberplatten unter Verschluß sein, damit die Belastung nicht durch unberufene Hände vermindert oder gar entfernt werde. Das Treten oder Aufziehen der Bälge hat mit möglichster Ruhe zu geschehen, desgleichen sollen die Register ohne Hast gezogen und abgestoßen werden. Beim Spiel ist starkes Aufschlagen auf die Tasten zu vermeiden. Wenn der Gottesdienst beendet ist, müssen alle Registerzüge und Druckknöpfe abgestoßen werden, damit die betreffenden Federn und Ventile nicht lahm werden. Vor und in der Orgel herrsche die größte Reinlichkeit. Der gefährlichste Feind dieses Instrumentes ist der Staub. Die Kirche sollte deshalb nur mit feuchten Sägespänen gereinigt werden, damit kein Staub in die Höhe und infolgedessen in die Orgel ziehen kann. Durch den Staub leiden namentlich die kleinen Zinnpfeifen. Der Orgel

sehr schädlich sind auch ungünstige Witterungseinflüsse, wie Feuchtigkeit und Nässe, weil durch sie die Eisenteile rostig werden; auch ver-
engern sich infolge der Feuchtigkeit nicht selten die Kernspalten der
hölzernen Pfeifen, wodurch die letzteren zu tief werden. Manche Holzpfeifen sprechen unter solchen ungünstigen Umständen nur halb oder
gar nicht an. Wenn auch die Orgel gegen direkte Witterungseinflüsse
stets geschützt sein wird, so empfiehlt sich dennoch fleißiges Lüften der
Kirche an trockenen und regenfreien Tagen. Es kommt dies auch den
Gemälden, den heiligen Gefäßen und den Kirchenbesuchern zugute.
Leider weisen sogar manche Neubauten nicht genug Fenster zur Herstellung einer entsprechenden Ventilation auf. Unmittelbar nach dem
Gottesdienst ist die Kirche stets zu lüften, doch so, daß keine Zugluft
de Orgel trifft. Auch die Sonnenstrahlen wirken nachteilig auf die
Orgel, weil sich infolge anhaltender Bestrahlung die Holzteile werfen;
manche derselben zerspringen sogar in der Sonnenhitze. Durch Vor-
hänge an den Fenstern kann man diesen Übelstand beseitigen. Jährlich
mindestens einmal hat der Orgelbauer sein Werk durchzusehen. Wird
jedoch, wie es bisweilen vorkommt, gleich zehn Jahre lang kein Orgelbauer zu der Orgel berufen, dann muß auch das beste Werk in verhältnismäßig kurzer Zeit zugrunde gehen.

In der Vorkriegszeit wurden zwischen Kirchen- und Gemeinde-
verwaltungen und den Orgelbaumeistern Verträge über Instandhaltung
der Orgeln abgeschlossen und in dieselben entsprechende Beträge ein-
gesetzt. Dies ist heutzutage jedoch unmöglich und müssen hierzu
stabilere Verhältnisse abgewartet werden. Dessenungeachtet sollen
aber die Orgeln einer jährlichen Durchsicht, Intonation und Stimmung
unterzogen werden, was im eigensten Interesse der Gemeinden wäre.
Die Berechnung hierfür erfolgt nach dem tatsächlichen Zeitaufwand,
wobei Reise- und Wartezeit mit einbezogen werden.

Kleine Fehler und Störungen in der Orgel kann in vielen Fällen
der Organist selbst beseitigen.

1. Das Fortheulen eines Tones in der mechanischen
Orgel (Tafel II und III) entsteht zumeist dadurch, daß ein Spielventil *14*
nicht vollständig schließt. In diesem Falle suche man den Weg von
der Taste bis zum Spielventil oder Kegel (Fig. 7, *2*) ab und erforsche
dabei, ob sich nichts verbogen oder verhängt habe, ob nichts zerbrochen
sei usw. Hebt sich das Spielventil nur träge, dann ist die Ventilfeder *12*
verbogen, verschoben oder schlaff. Um eine verbogene oder verschobene
Feder in Ordnung zu bringen, bedarf es in den meisten Fällen gewisser
Werkzeuge zum Zusammenziehen und Herausnehmen der Feder, z. B.
der Federschere oder des Federdrahtes. Die schlaffe Feder läßt man am
besten in der Federleiste *13* sitzen und bringt zunächst außen am Ventil

eine sog. Notfeder an. Später kann dann der Orgelbauer eine neue Feder
einsetzen. Sollte ein Klavis im Pedal liegen bleiben oder dort ein Ton
heulen, so suche man auf gleiche Weise nach der Ursache. Oft klemmt
sich ein Fremdkörper, z. B. eingetropftes Wachs oder Stearin zwischen
zwei Klavis des Manuals und bewirkt dadurch ein Heulen. Führt in
diesem Falle ein gegenseitiges Reiben der Tasten nicht zum Ziele, dann
muß einer der Leitstifte, oft auch beide, auf die andere Seite gebogen
werden. Hört man ein leises Wimmern, so liegt vielleicht das Vorsatz-
brett 3, Tafel II und III, zu fest auf den Tasten. Im Winter liegen
infolge der naßkalten Witterung oft die Tasten zu straff am Vorsatz-
brett an und heben sich deshalb an ihrem vorderen Ende; im Sommer
senken sich aus gegenteiligen Ursachen die Tasten oft derart, daß ihr
Fall nicht mehr tief genug ist, die Spielventile vollständig aufzuziehen.
Um Abhilfe zu schaffen, hat man im ersten Fall die Stellschraube 5,
Tafel II und III, von links nach rechts zu drehen, damit sich die Abstrakten verlängern und die Tasten senken; im anderen Falle dreht man
die genannte Schraube von rechts nach links. Überhaupt kann man
durch Schrauben an dieser Ledermutter die Tastatur nötigenfalls
egalisieren. Sind die Koppeln zu stramm angeschraubt, so kann leicht
ein Heulen entstehen. — Sollte ein Ton in der pneumatischen Orgel
nachtönen, so ist der Deckel der Windlade unten abzuschrauben, damit
ein etwa auf dem Ventil, auf der Platte der Tasche 15, Fig. 11, liegender
Fremdkörper entfernt werden kann, z. B. eine verloren gegangene
Schraube, ein losgelöstes Holzstückchen usw. Gewöhnlich hinterbleibt
auf der Platte ein durch den Windeinfluß entstandener schwarzer
Fleck. Durch das Herabnehmen der Kondukte kann man sofort sehen,
welcher Ton heult. Im Gegensatz zur Schleiflade ist in diesem Falle
bloß ein Register defekt, welches man leicht ausschalten kann, wenn
sich das Heulen während des Spieles einstellen sollte. Gelangt aber
unter die Platte des Ventiles 9 in der Windsteuerung (Relais) 7, Fig. 11,
ein Fremdkörper, z. B. ein Sandkörnchen, ein Mauerteilchen usw., dann
kann, solange der Fremdkörper nicht entfernt ist, das Ventil 9 nach
unten nicht abschließen und der Ton heult durch sämtliche Register.
Allein auch dieser Fehler kann von einem praktischen Menschen sofort
beseitigt werden, da das Relais mit den abschraubbaren Kondukten
in Verbindung steht (siehe die Schrauben in Fig. 11) und in der Regel
Rohre und Pfeifen nicht enrfernt werden müssen.

2. Spricht eine Pfeife gar nicht oder nur heulend an,
so ist sie entweder verstaubt oder ihr Hut (Spund) ist eingesunken
oder die Pfeife steht nicht fest im Pfeifenstock; es kann auch fehlen
an den Vorschlägen, Labien, Bärten, Zungen oder Krücken; die Holzpfeifen können vom Wurm angefressen sein oder Risse und Sprünge

haben. Das Reinigen und Andrücken der Pfeifen kann der Organist
ebenso leicht selbst besorgen wie das Herausziehen des gesunkenen
Hutes oder Spundes. Handelt es sich aber um Reparaturen an der
Pfeife, um Verleimungen usw., so ist der Orgelbauer zu rufen. Wurm-
stichige Pfeifen müssen durch neue ersetzt werden.

3. Ist in die Pfeife ein Fremdkörper gefallen, z. B. eine Fliege, ein
Mauerstückchen, so schnarrt sie. Nicht fest im Pfeifenstock stehende
Pfeifen klirren am Anhängestift. Oft summt oder erzittert eine Fenster-
scheibe bei einem gewissen Ton. Solche Übelstände kann der Organist
leicht beseitigen. Schwieriger ist es, das Klirren zu dicht gestellter oder
zu enge aneinander gelehnter Holzpfeifen zu beseitigen und verbogene
Labien und abgetrennte Bärte der Zinnpfeifen wieder in Ordnung zu
bringen. Das Abheben der Pfeifen hat immer mit größter Vorsicht zu
geschehen, sollen die Pfeifen nicht beschädigt und in bezug auf Intonation
und Stimmung verdorben werden. In dieser Hinsicht bietet die Seite 35ff.
beschriebene pneumatische Lade große Vorteile, hauptsächlich deshalb,
weil man bei ihr die Pfeifen nicht abzuheben braucht. Oftmals stehen
die Pfeifen, namentlich die Holzpfeifen, so enge aneinander, daß ein
Laie die abgehobenen Pfeifen überhaupt nicht mehr einsetzen kann.

4. Strömt die Luft aus schadhaften Bälgen und Kanälen, so, entsteht das sog. Sausen in der Orgel. Ein geschickter Schreiner vermag
vielleicht Abhilfe zu schaffen durch Verleimen und Beledern der schadhaften Stellen; allein in den meisten Fällen dürfte es geratener sein, den
Orgelbauer mit einer solchen Reparatur zu betrauen. Lassen sich die
angedeuteten Störungen und Mißstände durch den Organisten und
seine Hilfskräfte nicht beheben, stellen sich andere Mängel ein, z. B.
erhebliche Defekte an den Windbehältnissen, sind unter dem Einflusse
ungünstiger Witterung die Parallelen gequollen oder die Dämme ein-
getrocknet, so daß sich die ersteren nur ungenügend verschieben und
die Löcher nicht genau aufeinandertreffen, hat sich die ganze Welle
geworfen, müssen wegen irgendeiner Reparatur viele Pfeifen abgehoben
werden, sind die Metallpfeifen oder Rohrwerke voll von Grünspan oder
Schmutz, ist bei Rohrwerken eine Neubelederung der Rahmen notwendig, spricht eine Pfeife trotz sorgfältigster Reinigung der Kernspalte nicht an oder überbläst sie, ist das ganze Werk durchzustimmen
usw., dann muß der Orgelbauer eingreifen.

Elfter Abschnitt.

Reparatur oder Neubau?

Eine Reparatur ist am Platze, wenn mit verhältnismäßig geringen Kosten ein nicht zu altes, aber noch gut erhaltenes wurmfreies Werk eine Verbesserung seiner mangelhaften Register und Züge sowie eine Ergänzung und Vermehrung derselben durch Erweiterung der Windbehältnisse zuläßt, wenn die alten Bälge genügend Wind liefern und die Mechanik dauerhaft ist, wenn ohne sonderliche Beeinträchtigung des Chorraumes ein Spieltisch angebracht und durch die Reparatur ein gesunder Orgelton erzeugt werden kann, in dem die 8 füßigen Grundstimmen in der Weise vorherrschen, daß der Orgelklang für den Kirchenraum auch wirklich ausreicht. Werden reparaturfähige Orgelwerke vernichtet, so trifft in erster Linie den Sachverständigen die Schuld. — In den meisten Fällen wird man aber von der Reparatur alter Werke absehen müssen. Ihre Holzteile sind nicht selten vom Wurm zernagt, obwohl die Bretter gar oft von außen keinerlei Zerstörung aufweisen. Die schlechten, dünnen, schadhaften Metallpfeifen alter Werke können keinen brauchbaren Ton geben. Dazu kommt noch, daß die meisten alten Orgeln falsch disponiert sind und zumeist ein unerträgliches Schreiwerk aufweisen. Sind schließlich auch die Windbehältnisse mangelhaft oder zu eng (Seite 18 ff.), sind die Kanzellen zu klein und flach, ist die Orgel schwindsüchtig oder würde sie es werden, wenn noch einige 8'- und 16'-Stimmen auf den Windkasten kämen, ist, wie man es so häufig antrifft, das Regierwerk fehlerhaft konstruiert: dann wäre das Geld für eine Reparatur umsonst ausgegeben. Ein gewissenhafter Orgelbaumeister nimmt einen derartigen Umbau nicht an.

Bemerkung. Wo es nur irgend möglich ist, lasse man bei einem Neubau die mitunter prachtvollen und stilvoll gearbeiteten Prospekte der alten Orgeln stehen und baue dahinter die neuen.

———

Zwölfter Abschnitt.

Orgelprüfungen durch Sachverständige.

Orgelprüfungen sollten nur von theoretisch und praktisch gebildeten, geprüften und staatlich aufgestellten Sachverständigen (Revisoren) vorgenommen werden dürfen. Handelt es sich um die Prüfung von Kostenanschlägen und Dispositionen zu neuen Orgeln, um größere Orgelreparaturen oder um die Untersuchung fertiger Orgelwerke, so bietet das Urteil eines unparteiischen Sachverständigen die beste Gewähr dafür, daß das Interesse aller beim Orgelbau Beteiligten gewissenhaft gewahrt wird.

Von ähnlichen Erwägungen mag die Kgl. Regierung von Oberfranken ausgegangen sein, als sie, allen Kreisregierungen voran, am 23. Oktober 1901 sechs Sachverständige — darunter den Verfasser — für das Orgelbauwesen in Oberfranken aufstellte. Mittlerweile ernannten andere Kreisregierungen ebenfalls Orgelexperten und am 14. Juni 1918 stellte das bayerische Kultusministerium »zur Prüfung von Kirchenorgeln und zur Abgabe von Gutachten« für das ganze Land 28 amtliche Sachverständige auf — darunter den Verfasser[1] —, erließ gleichzeitig eine »Dienst- und Gebührenordnung für die amtlichen Orgelbausachverständigen« und ließ letztere durch die einschlägigen Kreisregierungen vereidigen. Durch diese zeitgemäßen Anordnungen wurden wohl die meisten Unzuträglichkeiten beseitigt.

Die Orgelprüfung wird damit beginnen, daß man das Werk in allen seinen Teilen aufs genaueste mit dem Kostenanschlage vergleicht. Es genügt aber nicht, daß alle Teile der Zahl nach vorhanden sind; dieselben müssen auch durchwegs aus dem bedungenen Material bestehen, dazu gleichmäßig, sauber, regelrecht, gut, dauerhaft, überhaupt mustergültig gearbeitet und zweckmäßig angelegt sein. Insbesondere ist darauf zu achten und im Befunde ausdrücklich zu konstatieren, ob man bequem zu den einzelnen Teilen, besonders zu den einzelnen Registern gelangen kann, ob etwaige Wünsche oder Vorschriften zuständiger Behörden entsprechend ausgeführt wurden, ob die Manual- oder Pedalklaviaturen geräuschlos gehen und ihre Breite der Ministerialvorschrift (Seite 13) entspricht. Bei den einzelnen Registern, welche selbstverständlich dem Anschlage gemäß vorhanden

---

[1] Der Verfasser dieser Schrift ist auch amtlicher Glockenbausachverständiger.

sein, auch die vorgeschriebene oder gewünschte Mensur und Größe aufweisen müssen, überzeuge man sich, ob nicht etwaige Überführungen
(Seite 96) gemacht wurden, die der Kostenanschlag nicht erwähnt,
ob nicht untere oder obere Oktaven einzelner Register entgegen dem
Anschlage aus anderem Material gefertigt sind. Die Pfeifen der gemischten Stimmen zähle man besonders.

Werden auch heutzutage ausschließlich pneumatische und elektrische Orgeln gebaut, so kann der Revisor dennoch — vielleicht infolge
umfangreicher Reparaturen an älteren Orgeln — in die Lage kommen,
eine mechanische Schleif- oder Kegelladenorgel prüfen und beurteilen
zu müssen. In diesem Falle sind zunächst die Windkasten und Windladen (Fig. 5—7) einer gründlichen Untersuchung zu unterziehen. Sie
müssen unbedingt winddicht gearbeitet sein; auch die Spunde des
Windkastens der Schleifladenorgel müssen aufs genaueste passen und
luftdicht abschließen. Nimmt man die Spunde heraus, so können die
Ventile geprüft werden, ob sie gut beledert sind, genau decken und zur
Zufriedenheit funktionieren. Man überzeuge sich, ob die Federn sicher
liegen und aus gutem, entsprechend starkem Messingdraht gefertigt
sind. Dann prüfe man, ob die Parallelen leicht und sicher gehen, ob
jede Schleife ihren eigenen Damm besitzt. Ob sie genau decken, also
ohne Windverlust (Durchstechen, Seite 18) arbeiten, merkt man sofort
beim Spiel. Die Pfeifenstöcke müssen festgeschraubt sein, sonst kann
sich unter ihnen der Wind verschleichen. Bei der Kegellade sind störende
Fehler der Natur dieses Systems nach nahezu ausgeschlossen, bestes
Material und' sorgfältigste Arbeit vorausgesetzt. — Bei der Prüfung
des Registerwerkes (Seite 20 ff.) (Traktur, Registratur, Koppeln, Kollektivtritte usw.) ist zu beachten, daß sämtliche Teile tadellos funktionieren, bequem zur Hand bzw. zum Fuße liegen, daß keine Rei-
bungen vorkommen. — Bezüglich der pneumatisch oder elektrisch
spiel- und registrierbaren Orgel (Seite 28 ff. und 37 ff.) wird der Sachverständige bereits bei der Prüfung des Kostenanschlages nur ein solches
System begutachtet haben, dessen Einfachheit, Sicherheit und Dauerhaftigkeit sich im Laufe der Zeit bei verschiedenen größeren und kleineren
Orgeln vollkommen bewährte. Hat er dazu noch die einzelnen Teile
des in Rede stehenden Systems, ihre Anfertigung, Zusammensetzung,
Funktion und Zweckdienlichkeit sowie das Ineinandergreifen und Zu-
sammenwirken sämtlicher Glieder der Pneumatik bzw. der Elektro-
technik in der Orgelbauwerkstätte mit eigenen Augen gesehen und als
gut und praktisch befunden, dann wird dieser Teil der Prüfung rasch
erledigt sein. Gerade in diesem Punkte ist der Orgelbau reine Vertrauenssache; hier hängt fast alles von der Zuverlässigkeit und Lei-
stungsfähigkeit des Baumeisters ab. — Bälge und Kanäle sind be-

sonders wichtige Gegenstände der Orgelprüfung. Sie müssen aus dem
besten Material gefertigt, groß genug und absolut winddicht sein. Zunächst ist zu untersuchen, ob das Saugventil des Balges (Fig. 3 und 4)
vollkommen schließt. Hält man beim Niedergehen des Balges die Hand
unter das genannte Ventil, so wird man, wenn es gut schließt, keine
ausströmende Luft fühlen. Sind mehrere Bälge vorhanden, so überzeuge man sich, ob auch die Kropfventile (Fig. 3 g) vollständig schließen,
indem man einen Balg aufzieht und hernach die Saugventile der ruhenden
Bälge aufwärtsdrückt. Schließt ein Kropfventil unvollkommen, dann
lassen sich die Saugventile der ruhenden Bälge nicht leicht eindrücken,
weil sich in den letzteren durch das Kropfventil eindringende Luft an-
sammelt. Die Bälge müssen stets sanft und still niedergehen und dürfen
auch bei vollgriffigem Spiele nicht schwanken. Solche und ähnliche
Mißstände sind bei einem sorgfältig gearbeiteten Magazinbalg der
neueren Orgeln (Fig. 4), bei dem bekanntlich die Kropfventile weg-
fallen, nicht zu befürchten. — Die Hauptsache bei einer Orgelrevision
wird aber immer die Prüfung der Kraft und Wirkung des Orgelklanges
sein. Man hat zunächst zu prüfen, ob das volle Werk einen gesunden,
orgelmäßigen, kirchlich würdigen Ton gibt, bei dem im Manual die
8′-Register, im Pedal die 16′-Stimmen vorherrschen und die tiefen und
hohen Klänge in einem völlig ausgeglichenen Stärkeverhältnis zueinander stehen. Die Mixturen und Nebenstimmen dürfen nicht vor-
schreien; sie sollen dem Werke Silberglanz, Schärfe und Frische verleihen. Das Repetieren der Mixturen darf nicht auffallen. Die Rohrwerke sollen wirklich Charakterstimmen sein und einen angenehmen
und, wenn es die betreffende Stimme erheischt, dennoch vollen kräftigen
Ton geben. Zuvor wird man sich überzeugt haben durch Prüfung der
Normalregister Prinzipal 8′ und Oktave 4′ und Vergleichung der übrigen
Stimmen mit den erstgenannten, ob die Orgel normale Stimmung besitzt (Seite 5). — Nun schreite man zur schwierigsten Arbeit, nämlich
zur Prüfung der einzelnen Register hinsichtlich der im Kontrakt vor-
gesehenen Mensur, der präzisen Ansprache, der gleichmäßigen Intonation und gleichen Stärke ihrer einzelnen Töne, wobei besonders zu
beachten ist, daß sämtliche Pfeifen einer Stimme dem Klangcharakter
des betreffenden Registers entsprechen (Seite 75 ff.). Auf diesem heiklen
Gebiet kann nur derjenige als Sachverständiger urteilen, welcher ein
außerordentlich feines musikalisches Gehör und einen besonders aus-
gebildeten Sinn für Klangfarben besitzt, um die Reinheit der Intonation,
den Charakter der einzelnen Stimmen, besonders der engmensurierten
Pfeifen, das Überblasen derselben usw. sofort wahrnehmen zu können,
abgesehen davon, daß auch hier erst viele Übung und reiche Erfahrung
den Meister machen. — Ist auch das Äußere der Orgel: Gehäuse, Prospekt,

Spieltisch, Klaviaturenschrank, Sitzbank usw. dem Anschlage gemäß ausgeführt, dazu praktisch und dauerhaft gearbeitet, so kann, wenn nichts beanstandet werden mußte, die Orgel der Kirchengemeinde übergeben werden. Andernfalls sind Anstände entweder sogleich zu erledigen oder bis zu einem bestimmten Termine zu beseitigen.

Aus dem Gesagten geht hervor, daß sich nicht jeder, der Klavier oder Orgel spielt und ein guter Musiker ist, zur Abnahme einer Orgel eignet. Nach Wangemann (a. a. O., Seite 128) sind »andauernde Beschäftigung in gediegenen Orgelbauwerkstätten, bedeutende Studien in der Akustik, Arithmetik und Mathematik, vollständige Kenntnis der gesamten Orgelliteratur, namentlich der neuesten deutschen und englischen Werke, allein die Mittel und Wegweiser, einen tüchtigen Orgelrevisor zu bilden«. Der Sachverständige muß aber auch ein guter Organist sein und die geprüfte Orgel in geistvoller Weise als erhabenes Kircheninstrument der Gemeinde vorführen können in Präludien verschiedenen Charakters, in Choralvorspielen, Konzertpiecen usw. Er wird dabei neben dem vollen Werke wirkungsvolle Tonschattierungen und wichtige Registermischungen zur Geltung bringen und die Orgel nicht zuletzt auch als Begleiterin des Sologesanges und Solospieles auftreten lassen.

Bemerkung. Trotz aller Vorsicht kann es doch vorkommen, daß ein von Sachverständigen als gut befundenes Werk in kurzer Zeit Mängel aufweist, die störend wirken. Solche Übelstände können in der Konstruktion der Orgel begründet sein, für deren Dauerhaftigkeit auch der sachverständigste Revisor kein unfehlbares Urteil abzugeben vermag, sie können auch herrühren von unzuverlässigen Arbeitskräften, von der Verwendung minderwertigen Materials, besonders nicht genügend gepflegten und ausgetrockneten Holzes usw. Zu einer Orgel gehört vor allem das beste Material an Holz und Metall, und die Aufspeicherung eines größeren Vorrats gut gepflegten Holzes wird mit die erste und ständige Sorge eines tüchtigen Orgelbauers sein.

Anhang.

Das Wichtigste von der Glockenkunde.

Vom Standpunkte des Musiksachverständigen aus erörtert.

Im Hinblick auf die in der Vorrede zur 2. Auflage angegebenen Kreise, für welche vorliegender Anhang geschrieben ist, sei bemerkt, daß von der Darstellung des geschichtlichen Teils, wie auch von einer Beschreibung der Herstellung der Glocken Umgang genommen wurde, um so mehr als uns Schiller in seinem unsterblichen »Lied von der Glocke« eine überaus anschauliche und vollständige Beschreibung des Glockengusses gibt, die im großen und ganzen heute noch Giltigkeit hat. Auch die Maß- und Gewichtsverhältnisse der einzelnen Glockenteile wurden nur im Zusammenhange mit der tonlichen Seite der Glocke berührt.

Die Hauptsache an der Glocke ist ihr Ton. Er ist abhängig vom Material, das auch die Farbe der Glocke bestimmt, von der Form als Ergebnis der Rippenkonstruktion, von den Maß- und Gewichtsverhältnissen gewisser Teile der Glocke, von deren praktischen Aufhängung und Drehbarkeit, von der richtigen Beschaffenheit des Glockenstuhls, vom Klöppelanschlag und vom Läuten der Glocke.

1. Das Material, aus dem die Glocke gegossen wird, heißt Glockenspeise oder Bronze. Es besteht zumeist aus einer Legierung von 76 bis 80% Kupfer mit 24 bis 20% Zinn. Glocken mit 80% Kupfer und 20% Zinn sehen tiefgelb aus und sind gußweich. Solche bis zu 24% Zinn und 76% Kupfer sind weiß und gußhart. Mischungen, die weniger als 80% Kupfer oder weniger als 20% Zinn, dagegen als Ersatz minderwertigere Metalle wie Blei, Zink, Nickel, Eisen u. a. enthalten, ergeben eine graue Farbe und sollten für Kirchenglocken nicht in Betracht kommen. Die gußharte Legierung ist die beste wegen der Dauerhaftigkeit des Materials und der Tragfähigkeit des Tons. — Der Guß muß scharf sein, d. h. er muß gewisse Merkmale zeigen, die sich bei der Herstellung der Glocke ergeben. Vor allem müssen an der Glocke, die durch das Anschneiden des Schablonenbretts, der Holzrippe (Fig. 1) sich ergebenden Jahresringe sichtbar sein, d. h. die Glocke darf nicht ganz glatt sein. Sie muß vielmehr eine Unzahl von Riefen zeigen. Auch die durch starkes Glühen der Mantelform sich ergebenden Gußäderchen dürfen nicht entfernt werden; sie bedeuten durchaus keinen Gußfehler, sondern bekunden, daß die Glocke ausschließlich im Rohguß hergestellt wurde, daß die Glockenform stark geglüht hatte. Je besser diese nämlich geglüht wurde, desto kompakter und tadelloser erscheint der Guß. Ist die Glocke durchwegs glatt, und sieht man die Riefen nicht mehr, dann ist sie, sei es zum Zwecke einer Tonberichtigung oder einer gewaltsamen mechanischen Nachhilfe oder wesentlichen Korrektur gefeilt und ihre Gußhautschicht verletzt, was als ein schwerer Fehler bezeichnet werden muß. Die Gußhaut der Glocke hat nämlich dieselbe Aufgabe wie der Lack der Violine: sie hält die Töne zusammen und verleiht der Glocke eine gewisse Widerstandskraft. Gußharte Glocken sind schwer, Hartguß (siehe später) dagegen ist leicht zu feilen.

Die Inschriften, Reliefs, Wappen und Bildwerke müssen scharf, sauber und stilgerecht erscheinen. Doch sei vor Überladung gewarnt, weil sonst die Schönheit des Tones beeinträchtigt wird. In früheren Jahrhunderten war man ungemein sparsam mit der Anbringung von Inschriften und Bildwerken.

2. Was die Form der Glocke anbelangt, so hat uns eine vielhundertjährige Erfahrung die geschweifte Form als die für Kirchenglocken tauglichste überliefert, welche sich nach unten hin allmählich verdickt und im Schlagringe (Fig. 1g), der den 14. Teil des Durchmesser (Fig. 2a: $m—n$) betragen soll), die größte Stärke erreicht. Diese Form kann eine mehr schlanke, birnförmige Gestalt aufweisen, dann beträgt ihre Höhe (Fig. 2a: $o—p$) mit Krone in der Regel 0,73 mal den Durchmesser, oder sie ist apfelförmig — die jetzt gebräuchlichste Form —, dann ist sie meist 0,88 mal den Durchmesser hoch. Ältere, sehr gestreckte birnförmige Glocken haben oft eine größere Höhe als der Durchmesser ausmacht, so z. B. hat die große Emmeramsglocke in Regensburg 2,16 m Höhe bei einem Durchmesser von 1,98 m. Daß die geschweifte Form eine unzählbare Menge verschiedener Formen und Ausführungen (Kreisfiguren und Kurven, Verdickungen oder Abschwächungen der Haube, der Platte, des Schlagrings usw.) zuläßt, liegt auf der Hand. Und wie der Orgelbauer durch die Mensur der Pfeifen, so vermag der Glockengießer durch solche Maßnahmen der Wissenschaft manchmal ein Schnippchen zu schlagen, hat er es in der Hand, die von Natur aus unharmonischen Obertöne zur Konsonanz zu zwingen, die äußere Form und das Gewicht der Glocke in beliebiger, selbstverständlich immer auf einen bestimmten Schlagton, seine Höhe und seine Nebentöne abzielender Weise herzustellen und denselben eine höhere oder tiefere Färbung zu geben. Aber nur in dieser Form gibt die Glocke ihre ganze Kraft und den wunderbaren harmonischen Reichtum von gleichzeitig mitschwingenden Klängen, die sich mit dem markigen, das ganze Klanggebiet beherrschenden, weittragenden Schlagton (siehe später) verschmelzen.

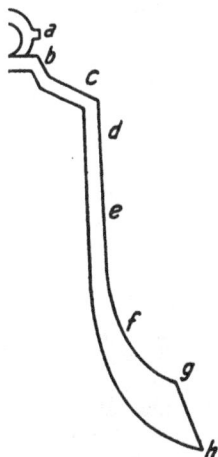

Fig. 1. Das Drehbrett oder die Rippe.

a Krone, b obere Haube, c untere Platte, d Hals, e Flanke, f Wolm, d—e Obersatz, e—f Untersatz, g Schlagring, h Rand.

3. Die Form der Glocke ist abhängig von der Rippe (Fig. 1). Sie ist ein aus trockenem Holze gefertigtes Brett, mit dem man aus der Lehmmasse die Kernform der Glocke herstellt. Jeder Glockengießer hat entweder einige eigene Rippen oder eine Reihe von Rippen, welche ihm für den guten Glockenton besonders geeignet erscheinen.

Es gibt drei Hauptarten von Rippen: die schwere für große Glocken, die mittelschwere für die große Anzahl der gangbaren mittelgroßen Glocken und die leichte für kleinere Glocken, z. B. Meß- und Feuerglocken. Die Rippe ist also das allerwichtigste Instrument beim Glockenbau. Dieser selbst ist eine Vertrauenssache wie der Orgelbau. Deshalb wende man sich an eine Firma, welche im Laufe der Zeit bewiesen hat, daß sie imstande ist, reell und gut zu arbeiten. Insbesondere wähle man jenen Glockengießer — und sollte er auch der teuerste unter allen Bewerbern sein — der sich vertraglich verpflichtet, der Glocke neben dem

geforderten Schlagton zum mindesten noch die große oder kleine Terz als
Obertöne und die tiefe Oktave des Schlagtons als Unterton zu geben. Eine
Reihe von hochachtbaren Firmen sind nämlich der Wirkung ihrer Rippen
so sicher, daß sie im Gegensatz zu der Auffassung, die Reinheit der Nebentöne sei mehr oder weniger nur ein Produkt des Zufalls, getrost die genannten
Bedingungen vertraglich eingehen können. Unter anderen Firmen sei in
dieser Beziehung rühmend genannt die Glockengießerei von Joh. Georg
Pfeifer in Kaiserslautern, welche bereits viele Jahre vor dem Kriege —
und zwar stets mit bestem Gelingen — auf die oben genannten Forderungen ein-
ging und heute noch eingeht. — Richtige Rippenkonstruktion vorausgesetzt
muß eine Glocke zunächst geben: den geforderten Schlagton im Verhältnis
zu a^1 mit 870 Schwingungen und als Obertöne dessen kleine oder große Terz,
reine Quinte, Oberoktave, Dezime und als Unterton die reine Unteroktave.
— Diese Nebentöne, besonders die Terz, Quinte und Unteroktave, müssen
unter sich und mit dem Haupttone konsonieren und neben dem Schlagtone
deutlich hörbar sein. Dann erst ist der Klang der Glocke rein und klar, in
sich völlig abgerundet und frei von Schärfe. Anderseits wird er durch falsche
Beiklänge unangenehm beeinträchtigt. — Jede Glocke, einzeln geläutet, muß
einen reinen Dur- oder Molldreiklang ergeben. Das Ausklingen (besonders der
großen Glocken) soll längere Zeit beanspruchen. Dabei muß der Hauptton
freibleiben von Schwankungen und anderen tonlichen Veränderungen, insbesondere darf sich ein Steigen des tiefen Tons, der sog. Unteroktave des Haupt-
oder Schlagtons, nicht bemerkbar machen. Ausführlicheres siehe Seite 123.

4. Der richtige Ton der Glocke hängt auch von ihrer fachgemäßen
Unterbringung im Glockenstuhl ab, weshalb desselben mit einigen Worten
gedacht sein soll. Ist der Glockenstuhl wie gewöhnlich aus Holz, so kann nur
völlig ausgetrocknetes, fest miteinander verbundenes Material in Betracht
kommen. Die Achsenzapfen aller nebeneinander hängenden Glocken müssen
in einer geraden Linie zu einander liegen. Die größte Glocke kommt in die
Mitte, die kleineren hängt man links und rechts von ihr, oder, wenn es notwendig ist, übereinander. Sämtliche Glocken müssen im Glockenstuhl so
tief wie möglich hängen und nach ein und derselben Richtung schwingen.
In neuerer Zeit baut man auch Glockenstühle aus Eisen. Richtige und solide
Konstruktion vorausgesetzt, können sie wegen ihrer Unverwüstlichkeit
und, weil sie weniger Raum beanspruchen, empfohlen werden. Freilich sind
sie schwerer und teurer als hölzerne.

5. Der Klöppel (Fig. 2: s), der Erreger des Tons, ist einer der wichtigsten Bestandteile der Glocke. Er soll aus Schmiedeeisen sein und 4% des
Gesamtgewichts der Glocke nicht übersteigen. Die birnförmig gestreckte
Gestalt verdient den Vorzug vor der Kugelform, weil durch erstere der falsche
Anschlag oberhalb des Schlagrings bei allzugroßer Schwingung der Glocke,
die allerdings den Winkel von 30—40° niemals übersteigen soll, vermieden
wird. Der einzig richtige Anschlag ist der mit »fliegendem Klöppel«. Er
erfolgt in dem Moment, wo die Glocke den höchsten Schwingungspunkt
erreicht hat, mit welchem ein gewisser toter Punkt entsteht. Leider trifft
man nicht selten falsche Anschlagsarten, bei denen der Klöppel bereits in
der Aufwärtsbewegung oder gar im Fallen der Glocke zum Anschlag kommt.
Wichtig ist, daß Glocke und Klöppel genau senkrecht hängen und daß erstere
drehbar aufgehängt wird (Fig. 2a). Bei jedem Drehen erklingt nämlich der
Ton, falls er sich mit der Zeit des Anschlags nach der Höhe zu geändert
haben sollte, wiederum in seiner Urgestalt. Zudem wird in diesem Falle durch

das Läuten eine gleichheitliche Abnutzung des unteren Randes der Glocke bewirkt und so letztere auch bei stärkerem Gebrauche viel länger ausdauern, als wenn, wie dies früher der Fall war, der Klöppel immer an einer und derselben Stelle anschlägt.

6. **Das Läuten der Glocke ist von großem Einfluß auf den Ton.** Über das Läuten, das nicht so einfach ist, wie manche denken, und das gelernt sein will, gibt der Glockengießer Georg Wolfart in Lauingen a. Donau folgende Anweisung: »Eine Glocke, die richtig hängt, ist nie schwer zu läuten. Dennoch sieht man sehr oft, daß diejenigen, die läuten müssen, sich gräßlich dabei ermüden, jedoch nur durch ihre eigene Schuld. Will man eine Glocke richtig läuten, so bleibt man ruhig, aber fest stehen und zieht am Seile kurze, aber kräftige Züge. Dabei achte man darauf, daß der Zug stets in dem Moment stattfindet, in dem die Glocke zurückzuschwingen beginnt, denn nur dann findet eine nützliche Kraftübertragung statt. Daß man mehr Kraft überträgt, wenn man sich an das Glockenseil anhängt oder an ihm hinaufspringt, ist unrichtig. Der Glaube ferner, je höher eine Glocke gezogen werde, desto stärker schlage der Klöppel an die Glocke an, ist unrichtig. Eine Glocke soll höchstens in einem Winkel von 60° gezogen werden. Schwingt die Glocke höher, so muß auch der Klöppel höher hinaufschwingen und verliert dadurch seine Kraft. Sehr zu tadeln ist, daß oft (hauptsächlich bei kleinen Glocken) plötzlich beim Läuten stillgehalten wird. Denn wenn ein starker Mann eine leichte Glocke sofort in ihrem Gange festhält, der Klöppel aber noch im vollen Lauf ist, schlägt er mit aller Kraft gegen die Wandung der Glocke, die nicht mehr weichen kann, weil sie festgehalten wird. So ist es dann möglich, daß eine Glocke zerspringt und umgegossen werden muß.«

7. **Die drehbar aufgehängte Glocke und die richtige Befestigung** des Klöppels nach dem bewährten System der Firma Gg. Pfeifer in Kaiserslautern (Fig. 2a).

Die Figuren 2a und 2b zeigen zunächst die gedrungene Form der Pfeiferschen Glocke, welche nach der mittelschweren Rippe mit besonderer Verstärkung der Platten, Wände und des Schlagrings gegossen ist, damit durch die gut untergebrachten Obertöne ein lieblicher, seelenvoller und warmer Ton erzeugt wird, der durch die vorteilhaft zum Ausdruck kommende Unteroktave eine tiefere Färbung erhält. Das Joch bei Glocke 2a besteht aus einem schmiedeeisernen Träger *a* (T-Träger), welcher bei mittleren und größeren Glocken durch aufgenietete Eisenplatten *b* verstärkt wird. Als Isolierung und zur besseren Befestigung des Joches an der Glocke dient ein Stück Eichenholz *c*. Zwischen Krone und Glocke ist ein schmiedeeiserner beweglich angeordneter Ring *d* eingegossen, in welchem sich je nach der Größe der Glocke 6, 8 und 10 Löcher zur Aufnahme der Schrauben *e* befinden. Mit diesen Schrauben wird das Joch an die Glocke befestigt bzw. verschraubt. Sämtliche Schrauben sind der weitgehendsten Sicherheit wegen mit Gegenmuttern versehen. Diese Anordnung wurde deshalb gewählt, um erstens eine sichere Befestigung zu erreichen und zweitens ein Drehen der Glocke zu ermöglichen. **Das Drehen der Glocke,** welches ausgeführt werden kann, während die Glocke im Glockenstuhl hängt, erfolgt in einfachster Weise: Es werden die Schrauben *e* gelöst, wodurch der Ring zwischen Krone und Glocke freigegeben wird. Die Glocke hängt sodann an der in der Mitte der Krone angebrachten Schraube. Es genügt ein kurzer Ruck, am unteren Rand der Glocke ausgeführt, um die Glocke beliebig weit zu drehen und eine neue Anschlagstelle zu erreichen. Nach dieser Vornahme werden die Muttern der Schrauben *e* festgezogen und die alte solide Befestigung ist wiederum hergestellt. Um nun das Drehen der Glocke vollständig zu ermöglichen, muß der äußeren Konstruktion entsprechend eine Innere zur Befestigung des Klöppels angepaßt werden. In der Haube der Glocke ist ein Hängeeisen *f* eingegossen. An dieses wird das sog. Kehreisen befestigt. Dasselbe besteht aus einem schmiedeeisernen Ring *g* in welchem sich 4 Löcher zur Aufnahme von Stellschrauben *h* befindlen,

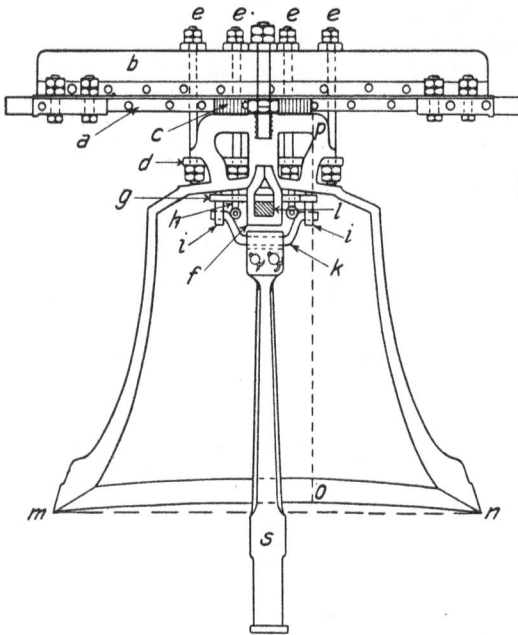

Abb. 2 a.

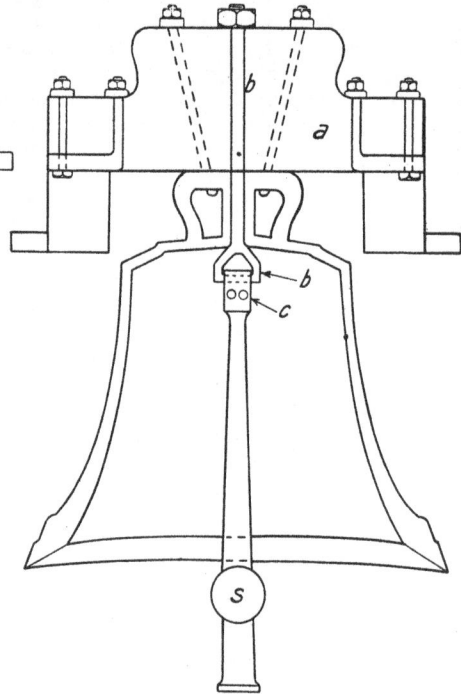

Abb. 2 b.

außerdem sind auf dem Ring 2 Lager *i* aufgenietet, in welchen ein leicht beweglicher Bügel *k* zum Befestigen des Klöppels angebracht ist. Das Kehreisen wird mit einem eisernen Keil *l*, welcher durch das Hängeeisen *f* gesteckt wird, an die Platte der Glocke gehalten und mittels der Stellschrauben *h* fest angepreßt. Ist die Glocke gedreht, dann löst man die Stellschrauben, dreht das Kehreisen soweit wie benötigt herum und preßt die Schrauben wieder fest an. Der Hauptgrund, weshalb ein solches Kehreisen im Gebrauch ist, bildet der bewegliche Bügel *h*. Fürs erste genügt es, um bei Anwendung eines solchen beweglichen Bügels einen festen und regelmäßigen Anschlag zu erzielen, wenn die Glocke um die Hälfte so stark geläutet wird, wie es sich bei Glocken mit falscher Aufhängung unbedingt nötig erweist. Das ist von großem Vorteil hauptsächlich für alte Kirchtürme und Glockenstühle. Zum zweiten wird dadurch der elastische Anschlag des Klöppels, der einzig richtige, erzielt, durch den eine Glocke so klingt, wie sie klingen soll und muß. Dieses Klöppelhängewerk läßt sich in jeder Glocke anbringen und erfordert keine schwierige oder kostspielige Montage. Bei alten Glocken wurde dieses Kehreisen öfter mit bestem Erfolge angebracht. Erklingt doch eine alte Glocke, welche vielleicht schon Jahrhunderte im Gebrauch ist, nach der Drehung wie eine neue. Die Haltbarkeit der Glocke ist auf Jahre hinaus verlängert, weil, wie bereits betont, der Anschlag des Klöppels erfolgt, wenn die Glocke ihren höchsten Punkt erreicht hat. Dadurch wird auch die Glocke geschont.

Fig. 2b zeigt die öfter anzutreffende unpraktische Aufhängung der Glocke und des Klöppels. Von nicht besonderer Güte zeigt sich in den meisten Fällen das hölzerne Joch a, und zwar aus folgendem Grunde: wird das Joch aus nicht völlig trockenem Holze hergestellt, wie es heutzutage leider vielfach der Fall ist, dann verändert es infolge Schwindens seine Form, und die Befestigung der Glocke ist nicht mehr wie sie sein soll. Des öfteren konnte festgestellt werden, daß Glocken in dieser Aufhängung sich seitwärts hin- und herbewegen ließen, was beim Läuten den Klöppel stets hindert, richtig anzuschlagen, weshalb die Töne nicht immer in der gewünschten Fülle hervorgebracht werden können. Der Klöppel hängt hier an der mittleren, durch die Glocke führenden unbeweglichen Schraube b bzw. an dem Hängeeisen b. Ein richtiger Anschlag des Klöppels kann bei dieser Konstruktion in den meisten Fällen nicht erzielt werden; denn weil das Hängeeisen von dem Riemen c umgeben ist, an welchem der Klöppel befestigt werden muß, indem man das Leder mittels Schrauben fest an den Klöppel wie auch an das Hängeeisen preßt, muß die Bewegung des Klöppels hier eine unfreiwillige genannt werden. Sie benötigt, wenn eine Bewegung ausgeführt werden soll, sehr viel Kraft oder einen starken Schwung der Glocke. Zu der angebenen Befestigung gesellt sich aber noch die eigene Schwere des Klöppels, wodurch die Bewegung noch mehr gehemmt wird. Der Anschlag ist unregelmäßig und plump, so daß der Ton der Glocke in den seltensten Fällen nicht so erzeugt wird wie er mit Recht verlangt werden kann. Wie oft kann man wahrnehmen, daß der Anschlag des Klöppels einmal stark, dann weniger stark ist, ja sogar einmal ganz versagt. Der plumpe Anschlag, bei welchem sich der Klöppel wie eine schwerfällige Masse in der Glocke hin- und herbewegt und anschlägt, ob nun die Glocke nach vorwärts schwingt oder ob ihr höchster Schwingungspunkt erreicht ist, welcher bei Erzielung einer guten Klangwirkung erreicht werden muß, ist eine Folge dieser falschen Aufhängung. Dabei kann es vorkommen, daß der Klöppel zu lange an der Glocke verbleibt, was gleichfalls zu beanstanden ist. Das nicht selten vorkommende Zerreißen des Riemens bei dieser Aufmachung infolge der starken Reibung kann bei Fig. 2a, wenn nicht Gewalt angewendet wird, durch das Läuten allein niemals vorkommen. Deshalb sollte man die unpraktische Hängevorrichtung in Fig. 2b beseitigen lassen.

8. Die Prüfung einer Glocke dürfte nach diesen Ausführungen folgendermaßen vor sich gehen:

Zuerst überzeuge man sich, ob alle Maße (Durchmesser, Höhe, Dicke der Platten und Wände sowie des Schlagrings) vertragsmäßig ausgeführt sind. Dann sehe man sich die Glocke von außen und innen genau an, ob sie »wie aus einem Gusse« gefertigt und die Gußhaut erhalten ist, ob sich nicht Adern (nicht zu verwechseln mit den bereits genannten willkommenen Äderchen des Rohgusses) Löcher Geschwüre oder knotige Stellen zeigen, ob die Inschriften und Bildwerke scharf und geschmackvoll ausgeführt, die Kronen oder Henkel solid und fest verfertigt sind, ob das Hänge- und Läutewerk aus bestem Material haltbar und praktisch ausgeführt, ob die Glocke nach einem bewährten System drehbar aufgehängt und der Klöppel zweckentsprechend aufgemacht, ob der Rand der Glocke scharf und ohne Unebenheiten und Scharten ist, denn durch letztere wird die Güte des Schlagtons beeinträchtigt. Dann schreite man zum Hauptteil der Prüfung, zur Prüfung des Glockentons.

Um einen Einblick in die unabänderlichen Naturgesetze zu gewinnen, denen die Glocke als tönender Körper gleich der Saite und Orgelpfeife unterworfen ist, mache man sich mit dem im Orgelbuche untergebrachten akustischen Teil (Seite 51 ff.), besonders mit dem Kapitel über die Obertöne vertraut (Seite 65 ff.). Jede Glocke hat bekanntlich wie die Stimmgabel viele hohe Obertöne, denn eine Glocke ist weiter nichts als eine Reihe von kreisförmig zusammengestellten, nach unten gekehrten Stimmgabeln oder eine nach abwärts gekrümmte, schwingende Kreisplatte, die sich in Schwingungsbäuche und Schwingungsknoten teilt. Es würde den Umfang dieses Anhangs ungebührlich überschreiten, wollten wir uns auf eine ausführliche Erörterung der übrigens bis heute teilweise noch nicht genügend erforschten Gesetze des Glockenklangs einlassen. Es soll deshalb nur das Wichtigste besprochen werden, das bei der tonlichen Prüfung der Glocke zu beachten ist.

Durch leichtes Klopfen mit dem Fingerknöchel oder durch Anschlagen mit einem weichen hölzernen Hammer, noch besser aber durch das Aufsetzen einer eingestellten angeschlagenen Stimmgabel auf den Schlagring, vorausgesetzt, daß sie so eingerichtet ist, daß sie alle möglichen Abstufungen von hohen und tiefen Tönen erklingen lassen kann, auch durch bloße Annäherung einer solchen schwingenden Stimmgabel oder durch die Violine, auch durch das bloße Ansingen der Glocke bringt man diese in Schwingungen nach dem Gesetze des Mittönens und lockt ihre überaus locker sitzenden Obertöne (siehe später) heraus.

Kommt die Glocke in Schwingung, so teilt sie sich zunächst in vier regelmäßige, von ihrem Scheitelpunkte nach dem Rande laufende Kreisausschnitte. Sie werden von Linien begrenzt, welche Ähnlichkeit mit den Meridianen des Globus haben. Je mehr Meridiane, desto höher der Ton und umgekehrt, da aber eine Glocke ein in unzähligen übereinander angeordneten konzentrischen Kreisen schwingender Körper ist, schwingt sie gleichzeitig auch in nach oben zu immer kleiner werdenden Kreislinien, welche die Meridiane durchschneiden und welche wir mit den Breitegraden des Globus vergleichen können. An den Schnittpunkten der Meridiane und Kreislinien entstehen Knoten, welche auf der entgegengesetzten Seite Schwingungsbäuche aufweisen. Je mehr Knoten, desto höher der Ton und umgekehrt. Ihren zwei Dimensionen zufolge — Länge und Breite — teilt sich die Glocke als schwingende Fläche in 2, 4, 6, 8 usw. gleichzeitig und selbständig schwingende Teile im Gegensatz zur Saiten- und Luftwelle (S. 52 ff des O.), welche bekanntlich nur eine Dimension, die Länge, aufweist und sich deshalb in 1, 2, 3, 4 usw. Teile teilt.

Teilt sich die Glocke, wie gesagt, in vier Teile, also in die geringste Zahl der Kreisausschnitte — denn in weniger als 2 Paaren von Kreisausschnitten kann sich die Scheibe nicht abteilen, um schwingende Bewegungen zu vollführen und dadurch einen Ton zu erzeugen — so erklingt ihr Grundton; wollen wir zum besseren Verständnis sagen: c. Durch Zusammenfallen der Vierteilung mit der Kreisknotenlinie bildet sich etwa auf der Höhe des unteren Drittels der Glockenhöhe die Oktave des Grundtons, also c^1. Durch die Sechsteilung entsteht die kleine Terz über dieser Oktave, also es^1. Durch Zusammenfallen der Sechsteilung mit der Kreisknotenlinie entsteht dann etwa auf dem Schlagring die reine Quinte der Oktave, also g^1. Durch die Achtteilung entsteht die Oktave der Oktave, also c^2. Durch Zusammenfallen der Achtteilung mit der Kreisknotenlinie würde sich etwa am oberen Teil der Glocke c^3 bilden usw. Die noch folgenden höheren Obertöne wollen wir wegen ihrer untergeordneten Bedeutung außer acht lassen. Die natürliche Harmonie der Glocke ist also der Molldreiklang, wenn auch nicht zu leugnen ist, daß manche Glocken prächtige Durgeläute aufweisen. Die Obertöne, von denen, wie bereits gesagt, für den Glockenton hauptsächlich die Oktave, kleine Terz und reine Quinte in Betracht kommen, haben einen den Flageolettönen der Streichinstrumente ähnlichen sanften, weichen und flötenartigen Klang, der langsam, allmählich leise verhaucht, und geben, wenn sie untereinander und mit dem Schlagton konsonieren, dem Glockenklang jenen Zauber der reinen Harmonie, dem sich ein empfängliches Gemüt niemals entziehen kann, sie geben dem Glockenklang Kraft, Lieblichkeit, Seele und Wärme.

Ein interessanter Ton ist die sogenannte Unteroktave des Haupttons, in unserem Falle also c, welche als solche bei den meisten Glocken auftritt. Doch gibt es auch Glocken, die diesen Ton als Untersepte und noch höher bis zur Unterterz erklingen lassen. Über die Entstehung der Unteroktave sind die Akustiker geteilter Ansicht. Die einen behaupten, dieser Ton sei ein von den Obertönen c^1 und g^1 erzeugter Kombinations- oder Differenzton (Seite 69 und 70 des Orgelbuches), dann müßte man als Quellen der höheren Untertöne, die verhältnismäßig energischen Schwingungen der höheren Obertöne ansehen, welche nach Fig. 59 (Seite 70 des Orgelbuches) nach gewissen Zeiten zusammenfallen und dadurch den höheren Unterton hervorrufen. — Andere dagegen behaupten, diese Unteroktave sei der eigentliche Fundamentalton der Glocke. Dieser Behauptung steht aber die variable Höhe des Untertons gegenüber. Wie dem auch sei: der Ton ist da. Man kann ihn der Glocke mit der Stimmgabel entlocken. Schlägt man mit dem Handballen an den Rand der Glocke, so erklingt er ebenfalls. Beim Ausläuten der Glocke tönt er leise summend noch längere Zeit nach, und gerade dieses Nachtönen ist, wie bereits bemerkt, ein wesentliches Merkmal einer guten Glocke. Bemerkt sei, daß der Unterton je nach seiner Höhe die Farbe des Glockentons beeinflußt. So z. B. verleiht ihm die kleine Untersepte einen ernstfeierlichen Charakter.

Der wichtigste Ton ist der Haupt- oder Schlagton, in unserem Falle c^1. Er hat eine andere Entstehungsursache als die Nebentöne und unterscheidet sich ganz wesentlich von diesen. Mit der Stimmgabel kann man ihn nicht herauslocken. Er erschallt nur, wenn man mit dem Hammer kräftig auf den Schlagring schlägt oder den Klöppel benützt. Der Klang des Schlagtons ist kurz, scharf und metallisch. Er erscheint nur, wenn die Glocke die Form des jetzt gebräuchlichen wulstigen Schlagrings hat. Dreht man nämlich den Schlagring nach und nach ab, dann verschwindet der Schlagton allmählich. Zuletzt bleiben nur noch Obertöne übrig. Über seine Entstehungsursache urteilt K. Walter folgendermaßen: »Die Wahrnehmung, daß der Hauptton die beiderseitige Rundung des Schlagrings zur Voraussetzung hat, um sich bilden zu können, hat zur Vermutung geführt, daß in diesem Falle der Schlagring ähnliche Bewegungen ausführe wie ein Ball, den man zusammendrückt und sich wieder ausdehnen läßt vermöge der Expansionskraft, die seine gepreßten Teile wieder nach außen treibt. So ungefähr haben wir es uns vorzustellen, daß die Metallteile selbst im Innern des Glockenkörpers von beiden Seiten her von außen herein und dann wieder nach außen getrieben werden, sodaß sie etwa in der Mitte des Schlagrings zusammengedrängt werden und sich aneinander reiben. Diese gegenseitige Reibung der Metallteile müßte, wenn sie sich vom Schlagringe aus dem übrigen Glockenkörper mitteilt, als der Entstehungsgrund des Haupttons angesehen werden. Auf solche Weise lassen sich alsdann die Eigentümlichkeiten des Haupttons einigermaßen erklären. Es ist selbstverständlich, daß ein viel schärferer, stärkerer und markigerer Ton entstehen muß, wenn die Metallteile selbst aufeinanderstoßen und sich aneinander reiben, als wenn sie bloß in der Luft hin- und herschwingen, wie die einzelnen Kreisausschnitte und Felder der Kreisscheibe es tun, wenn sie in Schwingung gebracht werden.« In der Neuzeit hat man ein Instrument konstruiert in Form einer kräftig und längere Zeit schwingenden Stimmgabel, mit der man wie mit einem Greifzirkel den Schlagring von innen und außen anpacken kann. Wenn das schwingende Instrument mit dem Schlagton übereinstimmt, entreißt es der Glocke den Hauptton klar und bestimmt. Der Schlagton bewegt sich der Höhe nach meist in der eingestrichenen Oktave, nicht in der kleinen oder gar großen, wie manche glauben.

Nach dem Schlagton spielt die größte Rolle der mit ihm auf gleicher Tonhöhe, also auf c^1 stehende, von K. Walter »Hilfston« genannte erste Nebenton. Er bildet gleichsam die Brücke von dem kurz und scharf anschlagenden Schlagton zu den weiterklingenden anderen Obertönen. Sind, wie es bei einer guten Glocke der Fall sein muß, die bereits genannten wichtigen Obertöne rein, bestimmt und klar und sind sie im Verein mit der Unteroktave zueinander konsonant, sind Schlag- und Hilfston von gleicher Höhe und aufs innigste verbunden und beherrschen sie das ganze Tonbild, dann erhält der Ton Glanz und Reinheit. — Zusammenfassend ist bei der tonlichen Prüfung des Glockentons folgendes zu beachten: 1. Ob der Schlagton genau dem a^1 zu 870 Schwingungen entspricht. 2. Ob der Hilfston mit dem Schlagton in der Höhe übereinstimmt. 3. Ob die übrigen Obertöne — kleine Terz und reine Quinte — eine reine Harmonie zum Schlagton geben. 4. Ob die Unteroktave rein erklingt und beim Läuten der Glocke deutlich hörbar ist. 5. Ob sie beim Ausklingen besonders größerer Glocken noch längere Zeit nachsummt und dabei nicht steigt. 6. Wenn sie einen höheren Ton ergibt, ob dieser nicht den Gesamtklang stört. 7. Ob der Gesamtklang harmonisch rein, kräftig, voll, weittragend und frei von Schärfe ist. Hat man die einzelnen Bestandteile des Glockentons genau geprüft, dann läßt man die Glocke läuten, wobei man sich aus akustischen Gründen in der Verlängerung der Glockenachse oder des Joches aufstellt. Ergibt sich auch dann keine Beanstandung, dann wird die Glocke »abgenommen«, d. h. sie geht in den Besitz der Kirchengemeinde über. Ist sie aber fehlerhaft, ist die Gußhaut verletzt oder hat die Glocke knotige Stellen oder stimmen Schlag- und Nebentöne infolge falscher Tonbeimischungen unrein, sodaß die Glocke einen dissonierenden Akkord gibt, oder »scheppert« sie, weil vielleicht der Gußprozeß nicht normal verlaufen ist und sich infolgedessen im Innern des Metalls von außen nicht sichtbare Blasen oder Gänge oder Metallschichten anderer Struktur gebildet haben, oder klingt ihr Ton gedämpft und farblos, weil man die vorgeschriebenen Legierungszahlen nicht eingehalten oder minderwertiges Material verwendet hat, dann muß sie der Glockengießer zurücknehmen und unentgeltlich eine neue, brauchbare Glocke liefern.

Ist das Ergebnis der Tonprüfung in klanglicher und akustischer Beziehung tadellos, dann kann man mit Sicherheit auch auf das richtige Verhältnis der Legierung an Kupfer und Zinn sowie auf die innigste Metallverschmelzung und gleichmäßige Verdichtung der in heißflüssigstem Grade in die Form eingelaufenen Glockenspeise schließen, wenn man schließlich nicht auch noch die Farbe und Beschaffenheit der an einem Materialüberreste zu untersuchenden Bruchflächen prüfen will.

9. Vor eine besondere heikle Aufgabe wird der Glockengießer dann gestellt, wenn zu einer vorhandenen Glocke eine zweite oder zu zwei und mehreren Glocken eine dritte, vierte usw. gegossen werden soll. In diesem Falle muß die Tonhöhe der vorhandenen Glocken aufs genaueste bestimmt werden. Mit gewöhnlichen Stimmgabeln, die oft mehr oder weniger von der Normalstimmung abweichen, ist in diesem Falle nichts zu machen. Es empfiehlt sich, den Glockengießer selbst kommen zu lassen, damit er mit Hilfe der von Rudolf König, Paris, und Georg Appun, Hanau, erfundenen Stimmgabel mit Laufgewichten die Tonhöhe der vorhandenen Glocken genau bestimmt. Ist er ein Meister und Künstler und seiner Rippenkonstruktion sicher, dann wird er imstande sein, eine Ersatzglocke zu liefern, welche hinsichtlich der Reinheit des Schlagtons und seiner Nebentöne, der Tonkraft, Tondauer, Tonfärbung ganz genau zu den vorhandenen Glocken paßt, auch wenn diese die sogenannte hohe Stimmung aufweisen sollten. In dieser Beziehung könnten manche Firmen von geradezu glänzenden Resultaten berichten.

10. Bei der Prüfung eines Vollgeläutes untersuche man zunächst jede Glocke einzeln in der bereits besprochenen Weise; dann baue man das Vollgeläute allmählich auf, indem man z. B. bei 3 Glocken diese nach und nach in folgender Weise zusammenläuten läßt: 12, 13, 23, zuletzt 123. Das gibt vier verschiedene Klangkombinationen. Ist jede Glocke gut, dann wird, richtige Auswahl der Glocken vorausgesetzt, auch das Vollgeläute einen gesangartigen Charakter sowie Weichheit, Schwellung, Rundung und Nachhaltigkeit des Klanges aufweisen.

Wie vor bestimmten Andachtsstunden oder heiligen Handlungen oft nur ein und dieselbe Glocke läutet, so sucht man bei größeren Geläuten gern die verschiedenen Klangwirkungen auszunützen, indem man einen Teil des Geläutes für die gewöhnlichen Sonntage, den andern für gewisse Feierlichkeiten, z. B. Beerdigungen bestimmt, das Vollgeläute aber nur an den hohen Festtagen oder bei besonders feierlichen Gelegenheiten erklingen läßt.

Erhält ein Ort mit einem oder mehreren Geläuten ein neues, so passe man das neue Geläute durch Auswahl geeigneter Glocken den schon vorhandenen an. Dadurch erhält man ein sogenanntes Gemeinschaftsgeläute, das besonders in der Ferne von reizender Wirkung ist.

11. Harmonische und melodische (diatonische) Geläute.

Harmonische Geläute sind solche, welche die Intervalle eines Duroder Molldreiklangs hören lassen, z. B. C E (mit dem Oberton g) oder C Es (g), dann C E G, C Es G usw.

Melodische Geläute sind solche, welche die Töne in diatonischer Tonfolge angeben, z. B. C D oder C D E.

Harmonisch-melodische Geläute oder gemischte sind solche, welche beide Arten vereinigen, z. B. C E G A oder C D E G oder das Glockengeläute in Parsifal: E G A C (die Glocken ertönen in der Reihenfolge C G A E). — Die harmonischen Geläute sind mehr in Süddeutschland, in Österreich, Ungarn und Sachsen üblich, während man am Niederrhein, in der Moselgegend, in Italien (besonders in Oberitalien), Tirol und Belgien mehr die melodischen Geläute antrifft. Das melodische Geläute verdient den Vorzug vor dem harmonischen, weil sich letzteres schnell abnutzt und uns eher langweilt als ein ganz oder teilweise diatonisches Motiv. Da die Glocken wegen ihrer verschiedenen Größe nur in den seltensten Fällen gleichzeitig anschlagen, sondern gewöhnlich nach einander, so bilden sie von selbst Melodiereihen. Deshalb sollte man bei Anschaffung eines neuen Geläutes bestrebt sein, solche Tonverhältnisse zu wählen, die besonders geeignet sind, schöne Melodien zu bilden; denn das Wichtigste an einem Geläute ist nicht die Harmonie sondern die Melodie.

Einige gangbare und bewährte Glockenzusammenstellungen, bei denen der Einfachheit halber C stets als Grundton angenommen ist.

Für 2 Glocken: C D, C E. — Zu einem vollständig befriedigenden Geläute sind wenigstens 3 Glocken erforderlich, z. B. C D E, oder als Mollgeläute C Es F; C E G (das vollkommenste harmonische Geläute). — Für 4 Glocken: C D E F. In einem vier- oder fünfstimmigen Geläute ist das harmonische und melodische Element ziemlich gleichmäßig vertreten. C Es F G; C E G A, wobei C E G das Festtags-, C G A das Sonntagsgeläute sein könnte. Der Mainzer Domkapitular G. V. Weber urteilt über das Vier-Geläute: »Mehr als 4 Glocken sollten nach meiner Meinung nie zusammengeläutet werden. Was bei einem mehrstimmigen Geläute neben der Schönheit der einzelnen Glocken besonders Herz und Gemüt ergreift und bewegt, sind die durch die Aufeinanderfolge der Töne hervorgebrachten Melodien. Nach dieser Seite hin halte ich das dreistimmige Geläute für das vollkommenste von allen. 3 Glocken ergeben 6 verschiedene Melodien: c d e — e d c — d c e — e c d — d e c — c e d. Die Melodien sind leicht aufzufassen, erfolgen in steter Abwechslung und werden nur selten dadurch unterbrochen, daß die eine und andere Glocke gleichzeitig anschlagen. Obschon es nur 6 Melodien sind, so entsteht doch keine Monotonie, weil die Aufeinanderfolge der Töne im reichsten Wechsel vor sich geht, bald näher beisammen, bald weiter auseinander. Bei 4 Glocken ergeben sich mehr Melodien, 24 an der Zahl, die aber nicht mehr so regelmäßig aufeinanderfolgen, weil sie durch gleichzeitiges Anschlagen der Glocken oftmals unterbrochen werden. Die Melodien sind aber immerhin noch zu verfolgen und wahrzunehmen.« — »Bei 5 und mehr Glocken«, sagt Walter (Glockenkunde), »kann man von regelmäßigen Tonfolgen, von Melodien gar nicht mehr reden. Bis 5 und mehr Glocken nacheinander zum Anschlag kommen, tönen die zuerst angeschlagenen schon wieder dazwischen, es entsteht darum nur ein Gewirre und Durcheinander von Tönen, wobei auch die Schönheit der einzelnen Glocken nicht mehr recht zur Geltung kommt. Das hindert aber nicht, ein reichhaltiges Geläute anzuschaffen; denn man kann, vorausgesetzt, daß es gut disponiert ist, sehr mannigfaltige und charakteristische Vereinigungen damit herstellen, die zur Auszeichnung und Hebung der verschiedenen kirchlichen Feierlichkeiten wesentlich beitragen. Ähnlich wie auf der Orgel kann man auch hier registrieren.« Und in der Tat gibt ein reichausgestattetes, mit Sorgfalt ausgewähltes Vollgeläute eine große Anzahl, von durch das Schwingen der einzelnen Glocken mit verschiedenen Gewichtsverhältnissen und Pendellängen auch rhythmisch interessant gefärbten Melodien, an denen man sich nicht satt hören kann. — Das Domgeläute in Frankfurt a. M. besteht aus 9 Glocken: E A Cis E Fis Gis A H Cis, das in der Kathedrale St. Urs in Solothurn sogar aus 11 Glocken: As B C Des Es F G As C Es As.

12. Unterschied zwischen Bronze- und Gußstahlglocken. Weil wir Kupfer und Zinn vom Auslande beziehen müssen, hat ihr vom

Stande der Valuta und unserer Geldentwertung abhängiger Preis gegenwärtig eine unglaubliche Höhe erreicht, so daß ein Bronzegeläute im Zusammenhalt mit den gestiegenen Arbeitslöhnen und fabelhaften Materialpreisen gegenwärtig sehr hoch zu stehen kommt. Deshalb wird in neuerer Zeit aus Norddeutschland mit oft recht lauter, ab und zu auch in wissenschaftlichem Gewande einherschreitender Reklame die Gußstahlglocke als »Ersatz« für die Bronzeglocke angepriesen. Daß die erstere billiger kommt, ist richtig. Daß sie aber letztere nicht ersetzen kann, möge ein Vergleich zwischen beiden Glockenarten erhärten.

Die Gußstahlglocken, eigentlich Hartgußglocken, müssen von größeren Dimensionen sein als die Bronzeglocken und erfordern deshalb einen größeren Stuhl, einen größeren Aufhängeraum und eine größere Läutkraft. Während der Klöppel der Bronzeglocke wegen des leichten Anschlags auf ihr sehr elastisches Material wie bereits bemerkt nur 4% des Gesamtgewichts schwer zu sein braucht, muß jener der Gußstahlglocke 8% und darüber betragen, denn das starre Material bedarf eines wuchtigen Schlages, um in die nötige Vibration versetzt zu werden. Springt die Bronzeglocke, so hat sie immerhin noch einen bedeutenden Materialwert, die andere aber kommt zum alten Eisen. — Was die Haltbarkeit der beiden anbelangt, so haben wir Bronzeglocken, welche seit 900 Jahren Dienst leisten, während die Stahlglocken erst seit 70 bis 80 Jahren in Deutschland in Gebrauch sind, über ihre Lebensdauer also noch gar keine Beobachtungen vorliegen können. Bedenkt man aber, daß die gußstählernen Eisenbahnachsen alle 10 Jahre ausgewechselt werden müssen, weil sie nach dieser kurzen Zeit infolge der häufigen und dauernden Vibrationen schon brüchig geworden sind, obwohl man ihnen äußerlich nichts ansieht, dann wird man von den Gußstahlglocken kein allzuhohes Alter erwarten dürfen. — Während sich die Bronzeglocke nach und nach mit einer ungemein dünnen Schicht Patina überzieht, wodurch sie vor jedem Witterungseinfluß geschützt ist, müssen die anderen einen Schutzanstrich von Ölfarbe haben, der ihren Klang um so mehr beeinträchtigt und dämpft, je dicker er ist, sodaß sie schließlich so dumpf klingen wie Bronzeglocken, wenn eine Schneeschicht auf ihnen liegt. — Wie kann, wie oft behauptet wird, der Ton der Gußstahlglocken weittragender sein als jener der Bronzeglocken, wenn erstere wegen des starren, rasch zur Ruhe zurückkehrenden Materials nur einen harten, gellenden und schnell verklingenden Ton hervorzubringen vermögen? — Die Bronzeglocke gibt einen vollen, langandauernden Ton mit zahlreichen harmonischen Ober- und Untertönen, einen Dur- oder Molldreiklang, das Gußstahlgeläute dagegen den »gebrechlichen« und triste klingenden, auf die Dauer von musikalischen Ohren nicht zu ertragenden verminderten Dreiklang, der als solcher in der Praxis mit Recht vermieden und nur im Verein mit dem Dominantdreiklang als Dominantseptimenakkord gebraucht wird. — Bronzemetall ist verhältnismäßig hart und spröde und setzt infolgedessen dem Meißel und der Feile den größten Widerstand entgegen. Gußstahl dagegen ist leicht zu bearbeiten. — Eine gelungene Bronzeglocke mit ihrer geschmackvollen Krone und gefälligen äußeren Form erscheint im strahlenden Glanze der unversehrten Gußhaut als ein wertvolles Kunstwerk, das man mit einer gewissen Pietät behandelt und von dem man sich nur ungern trennt. Hartgußglocken dagegen, denen die Kronen, die Inschriften und Bildwerke sowie die sonstigen Vorzüge der Bronzeglocken mangeln, sind weiter nichts als „mit Ölfarbe angestrichene, umgekehrt aufgehängte, grobgegossene Eisentöpfe". Aus dem Gesagten geht hervor, daß sich Gußstahlglocken in gar keiner Weise mit Bronzeglocken messen, geschweige denn dieselben ersetzen können. Mit Recht widerstreben daher die meisten erzbischöflichen und bischöflichen Ordinariate in Süddeutschland der Anschaffung von Gußstahlglocken.

Wo sich absolut keine Mittel beschaffen lassen zu einem Bronzegeläute, wo aber ein Geläute unbedingt nötig ist, kann der Anschaffung eines billigen Gußstahlgeläutes — der Not gehorchend — zugestimmt werden, weil sich die Ohren der Gemeinde im Laufe der Zeit an den eigentümlichen Klang eines solchen Geläutes gewöhnen. Hat man aber z. B. noch zwei Bronzeglocken und besteht Aussicht, die Mittel zur Anschaffung einer oder mehrerer Bronzeglocken nach und nach aufzutreiben, sei es durch Umlagen oder freiwillige Spenden oder Zuwendungen von in valutastarken Ländern lebenden Landsleuten, dann begnüge man sich während der Zeit des Sammelns noch mit den vorhandenen Glocken. Es werden und müssen in absehbarer Zeit doch wieder bessere Verhältnisse kommen und diese werden dann auch die meisten der »rostigen Eisenkessel« beseitigen. Ganz zu verwerfen ist die Ergänzung von Bronzeglocken durch Gußstahlglocken, in einem Vollgeläute, also die Mischung beider Glockenarten wegen der Ungleichheit des Klanges bezüglich der Reinheit, Stärke und Tondauer. Es würde das denselben Mißgriff bedeuten, als wollte man zu einer tonsatten, aber piano gehaltenen Adagioregistrierung fortwährend eine schneidende Gambe oder einen hervorstechenden Prinzipal spielen. Bemerkt sei, daß die Lauchhammer Glockenwerkstatt, welche neben anderen Firmen die Herstellung von Gußstahlglocken als Spezialität betreibt, neuerdings auch Bronzeglocken gießt.

13. Einige interessante Notizen über die größten und ältesten Glocken.

Die 3 größten Glocken der Welt sind der Zar Kolokol im Kreml zu Moskau, gegossen 1734 von Michael Monterine, 3900 Ztr. schwer, mit einem Durchmesser von 7,04 m; der Trotzkoi zu Iwan-Moskau, 3280 Ztr. schwer; die Große Glocke im japanischen Tempel zu Ohaka, gegossen 1903, 2280 Ztr. schwer. Da es unmöglich ist, diese Glockenungeheuer durch menschliche oder eine andere Kraft in Bewegung setzen zu lassen, auch das festeste Gemäuer dem riesigen Druck und der ungeheueren Schwungkraft dieser Kolosse nicht standhalten würde, so werden sie nicht geläutet, sondern durch besondere Vorrichtungen zum Ertönen gebracht.

Die größte Glocke Deutschlands ist die Kaiserglocke im Kölner Dom, gegossen 1874 von Andreas Hamm, 541½ Ztr. schwer, mit einem Durchmesser von 3,42 m und einer Höhe von 3,25 m. Diese Glocke wurde aus 22 im Deutsch-Französischen Kriege eroberten Kanonen nebst einem Zinnzusatz von 100 Zentner gegossen. Sie sollte die Unterquinte c zu dem vorhandenen Domgeläute (g, a, h, c)[1] angeben. Leider klingt das c zu hoch, so daß es zwischen cis und d schwebt. Die größte Glocke Österreichs ist die Marienglocke im Stephansdom zu Wien, gegossen 1711 von Joh. Achamer, 324,31 Ztr. schwer, mit einem Durchmesser von 3,16 m. Die größte Glocke Bayerns ist die Kaiser-Wilhelm-Glocke in der Protestationskirche zu Speyer, gegossen 1899 von Franz Schilling, 182,60 Ztr. schwer, mit einem Durchmesser von 2,30 m.

Die älteste Glocke Deutschlands vom Jahre 1011 befindet sich im Provinzialmuseum in Halle. Sie hat einen Durchmesser von 51,8 cm, eine Achsenhöhe von 48 cm und stammt aus dem Kloster Walbeck, dessen Glocken im Jahre 1011 ein Raub der Flammen wurden. Bald darauf ist sie gegossen worden, kam 1813 nach Diesdorf und 1888 in das Provinzialmuseum nach

Halle. — Die zweitälteste Glocke Deutschlands, welche heute noch gebraucht wird, befindet sich in der Pfarrkirche von Neubeuern am Inn. Sie hat ein Alter von über 900 Jahren, da in ihrer lateinischen Inschrift das Jahr 1015 angegeben wird. Nach einer alten Legende soll das Glöcklein am 20. Januar 1428 von selbst geläutet haben, wovon eine Votivtafel am Kirchenportal berichtet: »In den Thurm allhie zu Neuenbeyern läuthet sich die klaine Glogen von sich selbsten. Geschehen 1428.«

Die Glockenfrage ist gegenwärtig eine brennende, die meisten Glockengießereien sind mit Aufträgen überhäuft, weil viele Gemeinden jetzt darangehen, ihre Glocken zu ersetzen, welche sie während des Krieges abliefern mußten. Da hat nun der Oberste Landeskirchenrat in Bayern, um den Gemeinden erhebliche Vorteile zu sichern, ein Vertragsformular entworfen, das von ihm bezogen werden kann, und das bei Verträgen benützt werden muß, sollen sie die Zustimmung der vorgesetzten Behörden finden.

Wegen der unglaublich hohen Kupfer- und Zinnpreise nimmt man gegenwärtig in der Regel nur noch 80% Kupfer und 20% Zinn. Dieser Mischung kann unbedenklich zugestimmt werden, weil sie immerhin noch brauchbare Kirchenglocken gibt, wenn auch, wie bereits bemerkt, die Legierung von 76% Kupfer und 24% Zinn die beste ist.

Quellen: Erfahrungen als Glockenbausachverständiger. Informationen in bedeutenden Glockengießereien. — Karl Walter, Glockenkunde, Verlag Pustet in Regensburg, ein wissenschaftlich tiefgründiges, überaus reichhaltiges und sehr lehrreiches Buch, das allen Glockeninteressenten und Musikfreunden aufs beste empfohlen werden kann.

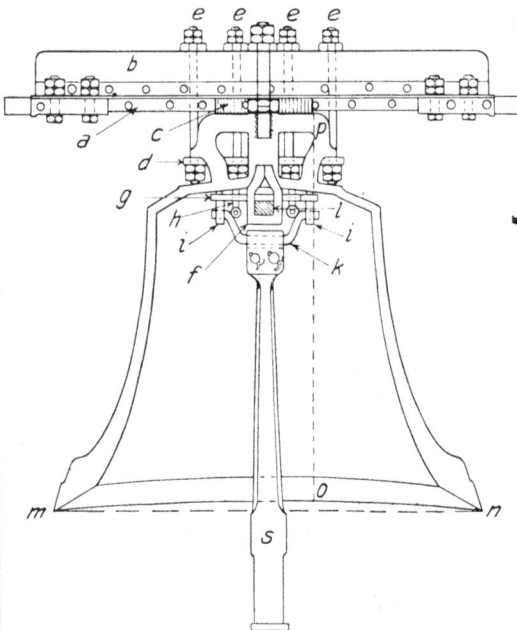

Verlag von R. Oldenbourg, München u. Berlin

Liederbuch für Knabenschulen

Herausgegeben von

Anton Beer-Walbrunn und Eberhardt Schwickerath

Professoren an der Akademie der Tonkunst in München

I. Teil:

53 Seiten. 2. Auflage. 1921.

II. Teil:

Mehrstimmige Lieder für die Knaben- und Männerklasse und den gemischten Chor

VI u. 204 Seiten. 1920. Kart.

Liederbuch für höhere Mädchenschulen

Herausgegeben von

Anton Beer-Walbrunn und Eberhardt Schwickerath

Professoren an der Akademie der Tonkunst in München

VI und 164 Seiten. 2. Auflage. 1922. Kart.

Die Herausgeber wurden von dem Bestreben geleitet, dem geistlichen und weltlichen Volkslied sowie dem volkstümlichen Kunstlied den Platz zu geben, der ihm durch die Unterrichtsministerien in Deutschland mit Recht zugewiesen ist.

Ein Blick in das Inhaltsverzeichnis wird zeigen, daß hier nur das Beste aufgenommen wurde, und daß auch in methodischer Beziehung alle Forderungen erfüllt sind. Die Vortrag- und dynamischen Zeichen wurden mit besonderer Rücksicht auf die Schulen gegeben; in bezug auf den Vortrag ist alles geschehen, um die Schüler frühzeitig an sinngemäße Deklamation und Phrasierung sowie geschmackvolle Nuancierung zu gewöhnen.

Verlag von R. Oldenbourg, München u. Berlin

Theorie und Praxis der Stimmerziehung im Schulgesangunterricht

mit Anhang: Lehrgang für Einführung
in das Treffsingen

von

Anton Schiegg

XII u. 100 Seiten kart.

Wie bilde ich meine Stimme?

Schülerausgabe zu Theorie und Praxis der Stimmerziehung
im Schulgesangunterricht,
mit Anhang: Lehrgang für Einführung in das Treffsingen

von

Anton Schiegg

VI und 58 Seiten geh.

Der Verfasser hat seinem von der Fachpresse vorzüglich beurteilten Lehrer=
handbuche eine Schülerausgabe folgen lassen. Er teilt sich darin dem
Schüler mit seiner vielseitigen Erfahrung in einer Weise mit, die Liebe
und Verständnis für die Sache wecken muß.

Ton- und Stimmbildung

Ein kurzgefaßter Leitfaden zum Selbstunterricht für deutsche
Volksschul=Gesanglehrer und Gesangvereinsdirigenten

von

Heinrich Frankenberger,

Lehrer und Gymnasialgesanglehrer in Nürnberg.

50 Seiten. geh.

Es ist freudig zu begrüßen, daß in diesem kurzen Werkchen den Gesangs=
lehrern ein Hilfsmittel dargeboten wird, vermöge dessen sie sich über die
Grundlagen der Gesangstechnik Rats erholen können.

Württembergisches Schulwochenblatt.

www.ingramcontent.com/pod-product-compliance
Lightning Source LLC
Chambersburg PA
CBHW031444180326
41458CB00002B/641